至暗时刻总有光

醒来便是重生

邢子凯 著

中国妇女出版社

图书在版编目（CIP）数据

至暗时刻总有光 ：醒来便是重生 / 邢子凯著. 北京 ：中国妇女出版社，2025. 6. -- ISBN 978-7-5127-2498-3

Ⅰ. B848.4-49

中国国家版本馆CIP数据核字第2025DE1374号

责任编辑：赵　曼
封面设计：末末美书
责任印制：李志国

出版发行：中国妇女出版社
地　　址：北京市东城区史家胡同甲24号　　邮政编码：100010
电　　话：（010）65133160（发行部）　　65133161（邮购）
网　　址：www.womenbooks.cn
邮　　箱：zgfncbs@womenbooks.cn
法律顾问：北京市道可特律师事务所
经　　销：各地新华书店
印　　刷：北京中科印刷有限公司

开　　本：165mm×235mm　1/16
印　　张：15
字　　数：260千字
版　　次：2025年6月第1版　　2025年6月第1次印刷
定　　价：59.80元

如有印装错误，请与发行部联系

推荐语

这是一本写给女性、写给母亲、写给家庭的好书。推荐给生活中有纠结、有理想，却被自己或家庭束缚的女性朋友。

奥运会竞走冠军　王丽萍

这是一本给现代女性赋能的书，读起来深入浅出、流畅易懂。身为女性，在养育孩子与发展事业这两个领域如何减少互相干扰，进而相互促进？如何在回应外在世界多样要求的同时照料自己？本书的作者做出了探索，给我们很多启发。

中国科学院心理研究所教授　陈祉妍

“你是为活着而想，还是为理想而活？”极少数妈妈活出了自己最想要的理想生活和状态，相信读者从这本书里能获取的不光是经营事业和家庭的方法，还有被作者澎湃生命力的感染。

真格学院前院长，北京大学斯坦福中心“人际互动学”EDIP创始主任　顾　及

子凯给我最大的印象就是聪明、勤奋，而且敢于迎接新的挑战。作为优秀的创业者，她完美地诠释了家庭和工作不但可以平衡，还能相得益彰。本书风格犀利，观点独到，语言晓畅，是难得的佳作。

恩派公益组织发展中心创始人　吕　朝

这是一本可贵的女性成长手册和婚姻家庭教程。书中凝练的观点、经验与要义，是邢子凯女士分享给妈妈们无价的、经过时间检验而行之有效的忠告，可信。在这本书中，作者娓娓道来那些平衡事业、家庭、育儿和个人成长的案例、技巧，配以实操训练，让读者在“领会—内化—实操—反馈”的课程进阶中认识一个崭新的自己，有效。作者以个人成长经历的切身体会，所思所想，真诚地诉说，娓娓道来，可读性非常强，随意翻开一页都可以读下去，真诚。读下去，就会自然解开迷惑，女性力自然觉醒。

中华女子学院儿童发展与教育学院艺术教研室主任，
中国家庭教育学会幼儿园专委会第三届副秘书长　王　丹

我和子凯都是有娃之后开始创业，做妈妈和创业很像，运营管理、财务管理、情绪管理、目标管理、资源管理……常见人性、密集体验跌宕人生，也会被人问及“工作和生活如何平衡”。常见的答复是：没有平衡，只有权衡。没想到，子凯做了那个较真的人，用36计做了终极“答复”。

国内首家女性财经媒体TOPHER创始人、主编　高　琨

序

面对事业和家庭，你会遇到哪些挑战？

“老公对我的教育方式不理解，我辞去工作专心带孩子，但是和老公的交流越来越少，对自己产生了怀疑，对自己的付出也觉得不公。所以在日常相处中，总有很多负面情绪。”

“经济压力很大，导致自己失眠，更没精力管教孩子，老公建议我放弃工作专心带娃，可是我不愿意，在和孩子相处时也变得越来越不耐烦。”

“把精力投入在孩子身上太多，没时间经营自己的生活。到后来，孩子表现得不好就会莫名烦躁。”

“父母带孩子总是宠着他，导致孩子养成很多坏习惯，但自己又没有时间带孩子，不敢说父母带得不好，不知道该怎么办，也因此常常跟老公吵架。”

“作为一个在‘妈妈经常不高兴’家庭成长的小孩，我对于童年最深刻的印象就是母亲一板脸，全家阴云密布，但是我很难过地发现我也可能会把它传承下去。如何改变这种一代一代人的坏情绪传承？”

“育儿理念横飞，爱心、耐心、同理心，天花乱坠一堆却让我手足无措。也许我还不够成熟，也许是爱不够，跟不上娃的变化和成长，感觉自己是一个不称职的妈妈，经常陷入自我迷茫中。”

“工作压力很大，家里的事情也不顺遂，心中多日的怨气，看到不听话的孩子，控制不住想把气撒到他身上怎么办？”

“生孩子时没请月嫂，两家父母都在，每天上演着鸡飞狗跳的事！我产后抑郁严重，每天一小哭，一周一大哭。那时候真心感觉绝望和无助。”

“孩子是两口子的，为什么每次都是当妈妈的管得多！真心累！”

“工作上的烦心事太多，给孩子辅导作业的时候，不能专心，有时竟然控制不住自己，用对待员工的方式呵责孩子，而不是耐心教导。”

全世界所有女性都会碰到类似的挑战，奇怪的是，为什么没有人会问男性？

我受邀参加世界达沃斯论坛，在接受采访时，主持人一如既往地问了那个所有女性几乎都会面临的经典问题：“你是如何平衡事业和家庭的？”

那时候的我，事业上碰到了前所未有的“黑天鹅”事件，公司即将面临生死存亡之际，我去了美国斯坦福大学的创业营学习，还没来得及找到让创业起死回生的解药，另一个噩耗彻底让我坠入谷底。儿子被确诊患有全球只有几千例的罕见病，没有任何有效药物可以减缓他的病痛，只能眼睁睁看着一个活泼可爱的生命，在我面前退化。他从不能拿筷子到不能吃饭，从不会说完整的句子到一个声音也发不出来，从飞速骑滑板车到连迈步都站不稳。

公司还没有找到活下来的机会，猝不及防的新冠疫情让所有线下学校停摆。我来不及悲伤，白天我要带着团队一笔一笔处理家长关心的退费，为了让学校活下去，我放下面子，做起了以前没想过的直播带课。下播后，我还要照顾日渐消瘦，连话都说不出来、饭都咽不下去的儿子，再等他入睡后去国外网站一页一页啃着关于这种罕见病的第一手英文资料，生怕错过一个英文单词，就会错失一个给孩子生路的机会。

当关停了为孩子们而创建的线下学校，在教具被拉走的空荡荡的教室里，我没空哭泣，因为等着我的，是好不容易挂上的专家号。我抱着孩子，在人潮拥挤的走廊等着被叫号。

不记得看了多少中西医的大夫，也没有延缓儿子病情的恶化。看着怀里的儿子，我和家人决定搬到更暖和的南方，想试试看会不会有一线生机。离开北京的前一夜，内心所有不舍都化成了我对着三环到机场沿途的每个建筑物，在心里默默说着那一遍遍的“谢谢，再见”。

从我记事起，我有多么向往来北京上大学，就有多么舍不得离开这个曾给予我一切成年后美好回忆的地方。

看起来的潇洒，都是藏起来的不舍；所谓的平衡，都是事后别人看到你没事的样子。如果时光定格在某一刻谈平衡，永远找不到支点撬起一地鸡毛的生活，还好在生命延展的时光里，总有触底反弹、绝处逢生的转机。就像在飞机掉下山崖之前，把零件修好，期望它可以重新飞起来。所有的平衡，背后都是想活下来的朴素愿望。

写下这些文字的时候，儿子在我身边轻轻打鼾，在我害怕到没有底的日子里，都是他在提醒我，“我有一丝力气，我也要吃东西，咽不下去，我也含着尝尝这世间菜香绝美的味儿”，“虽然我说不出话了，还是会用笑告诉你我多么爱你”。我这个四肢健全、无病无灾的大人每天被一个生病的孩子不停地爱着，他用生命教我什么是最重要的东西，不是生老病死，是活着，是爱。

那一刻，我分不清，到底是父母教育孩子，还是孩子教育父母，是父母守护孩子的一生，还是孩子在守护父母的一生。我只知道，如果没有我的孩子教给我的这一切，就算走到生命的尽头，我可能依旧在抱怨为何命运对我如此不公，懊悔着那些无法平衡的时间、想得到又错过的爱。

在每一个绝望到要看不到明天太阳的至暗时刻，我想用这本书陪着你，等到一起看太阳升起来的奇迹。

邢子凯

海南清水湾

目 录

孩子，不是女人放弃事业的理由，不是再也不学习深造的借口，更不是毁了生活的罪魁祸首，而是愿意跳出框，看到新的人生的可能。

当你努力攻读硕博学位时，孩子看到了会自觉看书学习；当你努力健身时，不需要你特意做什么，孩子自动就有好的运动习惯；即使是带着孩子穷游时，孩子的心中也会对形象、具体的世界留下深刻的印象。

第一章

再见，“差不多小姐”

孩子和事业，二选一

黎巴嫩著名诗人纪伯伦曾在散文诗《痛苦》中说：许多的痛苦是你自己选择的。

记得几年前我参与过一场商学院小组毕业设计的共创，主题是《人生选择题》。大家找到30位从事不同行业且年龄在30岁至60岁的企业主，采访他们关于人生重大选择的描述和意义。令我震惊的是，几乎所有的受访者都提到了一个重要的选择点：成为父母。

怀孕不仅区分了男人和女人，更区分了女人和女人。测孕笔上的两道杠就是那道赤裸裸的分水岭。我永远也分不清，得知怀孕的那个下午，流在脸上黏糊糊的东西到底是眼泪还是鼻涕。不是不想要孩子，更不是不喜欢孩子，而是在男人如日中天的事业面前，面对刚参加工作第二年就发生的这场怀孕，注定是这个女人要为此做出牺牲。

忘记过了多久，女人抹干眼泪对紧张的男人说：“孩子我要。”从此，家里人再也没人问过女人的工作做得怎么样，似乎所有的关心点只有一个——孩子。

“能不能赶上早会无所谓，饭可要吃好，对孩子好。”

“出差对胎儿不好，跟老板说别去了！地球离了你照样转。”

“那么拼干什么，还有几个月就要生了，差不多就得了。”

至今我都不敢相信，上述这些话居然是从一直教导我要认真学习的老妈口中喷涌而出的。

怀孕后，至亲至爱都要求我做“差不多小姐”。莫非女人的意义就是生孩子？

女人关于“意义”的追寻终于以产后抑郁的形式全面爆发——

读这么多年书，就是为了成为一头合格的“奶牛”？

努力拼搏那么久，就是为了成为24小时随时待命的保姆？

成为妈妈的第一年，我装作贤妻良母的模样，努力平衡着还没有起步的事业和已经羽翼丰满的家庭，给孩子选最好的绘本、吃最营养的食物、去最好玩的游乐场，“大义凛然”地留守家中支持丈夫出差和各种形式的应酬。

产后第二个月，老板问我：“能否提前回来上班，这个项目很需要你。”

我拒绝了，在我的心里，要做一个好妈妈，必须和这样的“诱惑”绝缘。

怀着忐忑的心情结束产假回归职场，毫不意外，我多了一位空降的男领导。有趣的是，他家里也刚刚生了孩子；不同的是，他的太太是一位全职妈妈。因为孩子差不多大，这位新领导非常“理解”我，会请我事无巨细汇报每天精确到分钟的工作。

我怎会不明白他的意思——在家办公，他担心我没有干正事。不管我怎么证明，始终无法让这位远在异地，同样也是刚有了孩子的新领导放心。脑海中的刻板印象告诉他，一个刚成为母亲的女人在家办公，不可能那么认真。

后来，在新领导的“禀报”后，那位曾经破格提拔我连跳三级的大老板，最终决定让我往返4小时去别家公司的办公室上班，只为了放心。我和所有回到职场的妈妈一样，每天背着吸奶器挤地铁公交，在臭气熏天的厕所里给宝宝挤着口粮。我依旧执拗地像当年上学时认真的学生一样，希望在工作上交出100分的考卷，却发现自己夹着尾巴灰溜溜地成为被监管的特殊群体。与此同时，身边所有人都劝我说，有了孩子，工作别太认真。

回想上学时为了数学考试能达到满分，我可以刷题到凌晨，为一道题总结出3种以上的解题思路。初入职场，为了做一个被认可的新人，我可以通宵查阅中外资料，制作汇报方案。而如今，为了做一个好妈妈，我不断给自己洗脑，强迫自己得过且过，成为事业“差不多小姐”，但梦里始终绕不开这个心结：如果我不甘心如此牺牲，是不是就不是好妈妈？

140年前，16岁的葛兰英遵父命结婚了。她的前半生除了生孩子就是养孩子，48岁的她已经是5个孩子的母亲和祖母。当她的女儿13岁时，她的丈夫为了500块大洋要把女儿卖给地主的儿子做童养媳，葛兰英带着女儿从乡下一路走到湖南湘乡县立第一女校。她变卖了所有的首饰，凑齐了学费，当所有人都以为她是送几个孩子上学时，她却说“我也要报名入学”。这憋了半辈子的一声呼唤，惊呆了在场的所有人，静默了几秒后，随即全场哄堂大笑。在她决定离家出走、变卖首饰的那一刻，她就没有想过放弃。她想了很久，让儿子帮她写了“状纸”到县衙去告状。县官看完状纸，问她：“你叫什么名字呀？”她答：“我之前叫葛兰英，现在叫葛健豪。”县官问她：“为什么要改名？”她答：“‘健’就是要做改造社会的健将，‘豪’就是要做打倒封建的豪强。”县官问：“为什么要读书？”她回答说：“要寻求救国道理，男女都要读书。”县官在呈文上批了“奇志可嘉”四个字，学校就这样破格录取了她。她被免试进了湘乡县立第一女校，与儿子蔡和森同读高小班，曾经要被父亲以 500 块大洋卖给人家当童养媳的女儿蔡畅就读初小班。

在儿子蔡和森“留学法国”的提议下，1919 年，53 岁的葛健豪成了中国留法勤工俭学学生中年龄最大的一位。她白天学法语，晚上刺绣，靠卖刺绣的收入，不仅供自己、儿子和女儿上学，还资助其他学生完成学业。她跳出了那个时代给女人的所有限制，活成了“20 世纪惊人的妇人”，她不仅仅是因为为祖国培养了革命先驱的儿女而被铭记，更是因为她作为中国早期女子教育先驱而被世代铭记。

在那个风雨飘摇的年代，年过半百的她跳出了当时给女性套下的框，用后半生求学、留学、办学，不仅改变了自己的一生，也改变了孩子们的一生。

谁说女人生了孩子就不可以继续工作？谁说孩子是牺牲事业前途的罪魁祸首？如果你是她，你会如何做呢？

我最后做了决定，跳出“高墙”，开始第一个行动。我成立了 8008 亲子俱乐部，取意“80 后养育 08 后”。在我被“差不多”洗脑到“没有自己”的至暗时刻，这个俱乐部就像回音壁，一下子放大了我内心深处微弱的声音，一发不可收。之后，我辞职创业，而 8008 亲子俱乐部的成员追随我搬家，成了我的第一批创业合作伙伴和忠实的追随者，一直到今天。

从女儿出生的2012年至今的10多年里，我像葛健豪一样跳出了脑海中的那些限制。

限制	跳出“高墙”的第一个行动
有了孩子不可能读书深造	报名正面管教认证，成为讲师和导师 孕期报考，攻读心理学硕博学位
有了孩子工作何必认真	创办大小共学的幼儿园，大人先上课，孩子再入学 去清华、北大、斯坦福、长江商学院四所中外学府创业班深造
有了孩子最好在家相夫教子	趁孩子睡着后写书稿，给出版社投稿，连续出版10本育儿书
有了孩子再也没时间健身运动	二胎孕期坚持运动，挑战人生首次山地马拉松、戈壁和沙漠徒步
有了孩子哪也玩不了	带着孩子穷游世界几十个国家的几百个城市，所有节假日都在旅途中

孩子，不是女人放弃事业的理由，不是再也不学习的借口，更不是毁了生活的罪魁祸首，而是助你跳出框，看到新的人生的可能。

当你努力攻读硕博学位时，孩子看到了会自觉看书学习；当你努力健身时，不需要你特意做什么，孩子自动就有好的运动习惯；当你即使是带着孩子穷游时，孩子的心中也会对形象、具体的世界留下深刻的印象。

想一想

尼采说："每个人都会身陷自己思想的监狱里，监狱的围墙就是其目光的尽头。"最致命的是很多人看不到那道围墙，所以从自己思想里成功越狱的可能性很小，只有少数幸运的人能感受到自己思想和认知上的那道"隐墙"，并借助于某种强大的思想外力，突破那道墙。只是需要一个行动，你准备好了吗？（ ）

A. 准备好了

B. 不想改变

C. 没想过

允许自己在“母亲青春期”叛逆

我在海外工作时，同事得知我怀孕，齐刷刷地问我一个莫名其妙的问题:“你还工作吗？”我反问:“为什么不工作？”

原本以为外国人都是把自我放在第一位，但在国外工作过，我发现他们是如此重视家庭。我的大老板是三个孩子的父亲，每周五下午都会放同事的“鸽子”，无偿给孩子学校足球队当义工教练。我的所有女同事，生孩子之后全部辞职，要么在家当全职妈妈，要么打打零工，连她们的名字在婚后都改成夫家的姓，齐刷刷成为史密斯一家、杰克逊一家、布莱恩一家……

外国朋友不理解我为什么不自己带孩子而是需要老人的帮助，他们在羡慕我有妈妈帮助带孩子的同时也不理解为什么老人会愿意这样做。我的妈妈在下岗后，开了社区课后托管班，一个人看十几个孩子，一干就是十几年。别人说什么，她从来不在乎，她最在乎的是我的学费和我的营养，她总说那句让我特别有压力的话:“妈这辈子是为你而活。”我的婆婆年轻守寡，为了给孩子争取上学的机会，坐在校长门口两个月，凭一己之力打3份工，供出来两个名牌大学生，自己却留下一身的疾病和一生的遗憾。

在上一代大部分妈妈的心里，孩子比自己的命都重要。她们是这么说的，更是这么做的。我不想为了下一代如此牺牲到没有自我。

一辈子为了我而活的妈妈和从不敢忤逆她的我之间爆发了不可调和的亲子矛盾，爆发出的火药味有多大，隔着十万八千里都能闻到。

回归职场的妈妈最怕的不是冲突本身，而是冲突导致的后果，比如老人撂挑子不干了。等我再次怀孕时，被帮忙带孩子的老妈下了最后通牒："如果再对我带孩子发表建议，你就自己带！"

自己带就自己带！在和孩子的爸爸深聊获取支持后，我裸辞了！

辞职后，我和肚子里的二宝，把之前所有想去上又没有时间上的课程全上了一遍，我想向我妈证明：你看我说的是对的，得到了这么多科学的验证。

好景不长，在家全职没几个月，白天安排得满满的：带老大玩、读我想看的育儿书，但晚上总有恐惧夹杂着一丝丝不安伴随着失眠而来，被折腾醒的孩子爸爸，一开始勉强还有的耐心也被日复一日的控诉磨灭，"你已经过上了你想过的生活，你还不满意什么？"

是呀，我还在不满什么？多年之后，我似乎明白了"母亲青春期"。和青少年青春期一样，母亲青春期因为体征改变和激素变化，导致情绪和生活方式发生巨变。青春期最典型的特征就是矛盾性，明明知道怎么做是对的，可就是做不到。母亲青春期和青少年青春期那段岁月一样矛盾：什么都想要，却又什么都做不到。

事业的辉煌想要，孩子的教育想要，另一半的支持也想要，全世界的肯定我都想要。全部想要，就会失望，怎么调整都平衡不了。易怒暴躁时如被挑逗的斗牛，四处都是想拼命冲过去的红布头。

身边一位刚有宝宝的男同学因为自己的太太刚生完孩子状态不好而偷偷问我：要不要带太太去医院看产后抑郁？去哪家医院隐私性好一些？第一个问题，我不意外，可第二个问题，让我揪心。因为多数人认为产后抑郁是一种耻辱，是需要在社交时避讳的隐疾。

作为刚生完宝宝的妈妈，你一定听过下面这些话：

- “刚生完孩子，应该高兴才对，哭什么呀！要是我呀，笑还来不及呢！”
- “哎哟喂，有什么过不去的心结呀，看宝宝多可爱，忍一忍就过去了！”
- “别老那么矫情，谁都得走这一遭，你看看人家，不也这么过来的吗？”
- “这有啥难过的，别矫情了，快，该喂奶了！”
- “我当年生孩子时，哪有你们现在年轻人那么多感受，能吃饱就不错喽，还不知足。”

听完这些话，你心里有哪些感受？

这一句句看似关心的话，背后有一个可怕的定论：“你不应该这样想”，“你这样想的时候，不太正常”。无人谅解的孤独，往往是压倒绝望的人那最后一根稻草。

青少年青春期可以大摇大摆、理直气壮地晒出心里的阴暗面，可母亲青春期被道德绑架的好妈妈人设压迫到不敢发声。世界卫生组织和

《美国精神病学杂志》数据显示，20% 的产后死亡由自杀导致，而抑郁是导致自杀的第一成因。

就像孩子在青春期会叛逆一样，妈妈需要的不是“我怎么做不好”的羞愧，而是允许自己在母亲青春期叛逆，勇敢地对身边的人说出我们一直想说的话。

刚生完宝宝时，我心里有很多话想对家人说，比如：

“你们围着宝宝时，我也希望你们问问我的刀口还疼不疼。”

“我很害怕，能不能陪陪我？”

“母乳喂养，真的不是我一个人的事情。”

“我很疼，让我休息一会儿，再照顾宝宝，好不好？”

如果每个妈妈能把上面的话说出来，让身边的家人和朋友看见，就不会有那么多产后悲剧的发生和那么多对狠心母亲的谴责。

产后抑郁不可怕，可怕的是“不应该”产后抑郁、不拥抱“产后叛逆”、不允许内心的感受萌一点点的芽儿。

不管你产后怎么叛逆，记住，你都是一个好妈妈！

请仿照青春期做过最叛逆的 5 件事，做类似 5 件叛逆的事，拥抱产后叛逆！

比如，离家出走 2 小时去一个你一直想去但是因为舍不得孩子而没去的地方，去买一件自己舍不得买的东西，找最好的朋友做一件年少疯狂的事。偶尔做叛逆的 5 件事，不会影响你当一个好妈妈，就像青春期叛逆没有影响一个少年成才一样。

记录下做完叛逆的事的感受，会惊喜地发现，人就像弹簧，每一次触底反弹的叛逆会帮助你找回自己。

1 . ____________________

2. ____________________

3 . ____________________

4. ____________________

5. ____________________

与其纠结，不如“干就完了”

美国著名临床心理学家弗兰克尔曾说：如果你是懦者，你自己乃是你最大的敌人；但如果你是勇者，你自己乃是你最大的朋友。

不知道从何时起，“纠结”这个词常常出现在人们的生活中，我想人总有纠结的时刻。“知道”与“做到”就是一对纠结的选项，人们往往每天都在“知道”与“做到”之间做选择。

按照幸福指数，可以把妈妈分为4种类型。

A. 知道但做不到

B. 不知道也做不到

C. 知道也能做到

D. 不知道但能做到

我认为最让人羡慕的是D妈妈，不知道但能做到，就像考试不复习就能拿高分，幸福来得太突然。排名第二让人羡慕的是轻松的B妈妈，不知道也做不到时心里一点纠结都没有。最让人踏实的就是C妈妈，既知道也能做到。最纠结的就是A妈妈，知道但做不到，心里都是挫败感。

刚生完孩子的我是典型的纠结型A妈妈。按照家人的话就是“眼高手低，学了那么多，再不干点什么，房顶都被你掀翻了”。看了那么多育儿书的直接结果是，知道做不到，挫败感从里蔓延到外，四处都是我撒的无名火。不再忍心伤害至亲至爱的我，一心想做点什么结束怨妇状态。

辗转经过熟人介绍，我得到一份育儿采编的兼职，虽然是义务帮助，但一心想走出家门、做点什么的我，还是决定试一试。当我兴高采烈把采编3个月的书稿交给编辑，编辑无情驳回了所有的稿子，认为这些稿子写得不痛不痒、不走心，充满无病呻吟的矫情和自以为是的高傲，总之不能用。原先那个“自嗨”的我被现在无地自容的我打翻在地。要想找到一份兼顾孩子的工作，光有当妈的优越感没有用，没有本事，就赚不到钱，虚妄的成就感像毒品一样除了麻痹自己以外，没有任何用处。

我记不清自己是怎么坐到修读心理学硕博的教室里，一篇篇读英文文献、一本本啃英文原版教材。我只记得，把儿子放到摇篮里带进教室的忐忑，女儿为了等我下课在操场上一遍遍骑着滑板车向我挥手的样子，向至亲开口要钱补贴学费的窘迫。

就在我倒挂在半空中上不去下不来、要坚持不住的时候，迎来了更大的困难。我给女儿报名的幼儿园小托班爆发了虐童丑闻，一夜之间孩子没有幼儿园上了，要不在家晃荡长大，要不我就得做点什么。于是，我这个处于母亲青春期的妈妈，在不太正常的激素的刺激下，做出如此疯狂大胆的决定——自己办幼儿园。听到这个消息后，所有家人投了反对票，甚至惊动了远在老家80多岁的奶奶。至今我还记得奶奶叹气后那大段的沉默，读那么多书非要去给别人看孩子，办那个操心操到心碎、担责任到睡不着觉的幼儿园。

回望自己的办园路，我后来才读懂了家人的反对，那里面藏着他们的心疼，更藏着他们的担心。我现在真的讲不明白，当时为什么非要自己办幼儿园，我只知道，我要“做”点什么，让我自己好起来。

说创业不累不苦很享受，那是嘴硬。创业前的170斤体重到创业后110斤，这60斤实打实掉下去的肉就是见证。新开的不知名的小幼儿园，不容易找到好老师，我主动送上门去接受老师的“面试”。北京城的盛夏，我顶着明晃晃的孕肚，终于打动了第一位老师，带着第一位老师沉甸甸的信任，开始找下一位老师，一位接着一位。时隔这么多年，幼儿园已毕业孩子的家长总是发信息向我感慨：“咱米来幼儿园的老师是真的好，你是怎么找到这么多好老师的？”大家不知道的是，哪里是那么好命地找到，都是我坐在门口等人家下班，死缠烂打挖过来的。

一腔热血扎到幼儿园行业，一无所知的自己在这个陌生领域重新开始人生。不懂经营管理，就去清华大学经管学院和高盛联合举办的女性创业班从零基础学起，去北京大学国家发展研究院和《中国企业家》杂志联合举办的木兰创业班继续深造。为了启动线上业务，我去美国斯坦福大学点燃项目和长江商学院创业班继续深造。替我管账的同事经常问我：“邢老师，花那么多钱去学习不心疼吗？”

不是我不知道心疼，而是我相信爱因斯坦所说的，人不能在制造问题的层面上解决问题，只有让自己的水平增高一个维度才能解决原来的问题。和仰望“知道”金字塔的挫败相比，没有退路的我，不想回到“差不多王国”，做那个“差不多小姐”，只能在“知道”的金字塔上找一个抓手，伺机往上爬着走，期待爬到最后自己还能活下来。

靠着“家长先上课，孩子再上学”的大小共学办园特色，幼儿园不仅活了下来，8 年后更是超出我的预期，成为远近闻名的特色园，企业家、投资人、中外籍艺术家、明星等慕名把孩子送来上学。有些孩子为了上学搬家到附近，有些孩子每天往返 50 公里来上学，有时候在校园里远远看到这么多孩子和老师，我很恍惚，这是真的吗？那些曾经纠结的梦想，在行动后的这一刻竟然成真。

2020 年的疫情突如其来，线下校区停课，面对每个月雷打不动的 120 万元房租和人工支出，面对必须退费的家庭，面对等着发工资的老师们，我知道，再纠结、再抱怨也无法让我走出困境，只有自救这一条路等着我。在全员隔离在家的日子里，我一个人在 3000 平方米的校区值班，开始了短视频直播之路。每次开播前，我要深吸无数口气。面对不理解的声音在评论区刷屏，我的想法也会跟着波动。正月十五，刚下完大雪，从家开车前往空无一人的校园，任凭我怎么打方向盘，车都无法向我想开的方向行驶，那一刻我怕极了，我担心撞到路边的电线杆，我想掉头回家，我不想在什么人都可以评论我的直播间直播了，我不想再拍被人诟病想要出名的短视频了，我放弃了，我不干了！但车马上要撞到电线杆的那一刻，竟然奇迹般避开了电线杆，慢慢回正到了马路中央，一路平安停到了学校门口。我擦了擦脸上的泪痕，装作什么都没有发生，又坐在了每个人都可以评论我的直播间。这一坐，就坐了 500 天，影响了 200 万关注我的粉丝家庭，拍摄的短视频累计播放量近 2 亿，原来让我纠结无比的事，就这样在被评头论足的每一天里完成了。

在“纠结”面前，去做就行了。两年后，靠着线上短视频直播的自救活下来，从幼儿园的创办者蜕变为影响力更大的家庭教育品牌，幼儿园也响应国家政策普惠更多家庭，靠着办园这么多年积累的大小共学内容，立志培养 1000 位老师、影响 1 亿家庭的教育。

有人问僧人：“您得道之前做些什么？”和尚说：“砍柴，烧水，做饭。”“那您得道之后呢？”“砍柴，烧水，做饭。”“那您得道之前和之后，没啥改变呀？”僧人说：“改变了。我得道之前，砍柴的时候想着烧水，烧水的时候想着做饭。得道之后，我砍柴的时候只想着砍柴，烧水的时候只想着烧水，做饭的时候只想着做饭。”美国马萨诸塞大学荣誉退休医学教授乔·卡巴金把僧人砍柴的时候只想着砍柴、烧水的时候只想着烧水、做饭的时候只想着做饭的状态，叫作正念。正念需要有意识、不加评判和关注当下。

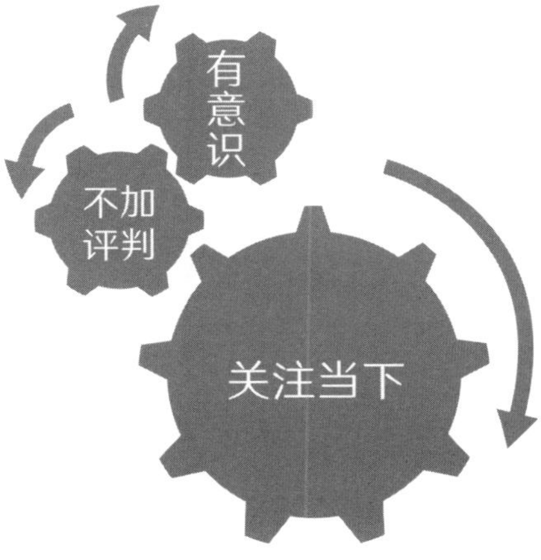

谁在我们脑海中注入了内在评判——“所有人都会讨厌我”“没有人相信我”“我总把事情搞砸”“我长得很难看”，而我们居然一直认同这些让我们不堪的评判，在脑海中自动过滤掉好的方面，总是善于寻找自己

"不够好"的部分。

内在评判	哪个童年瞬间让你有这样的内在评判？	如果能穿越回去，你想对当时的自己说什么？
所有人都会讨厌我	3 岁时上幼儿园掉进厕所，衣服上散发着臭味，小朋友闻到后，站得离我很远	他们不是讨厌你，他们只是和你一样不喜欢厕所里臭臭的味道。你可以和老师说，请老师帮你洗干净
没有人关心我	姥爷去世后的某天夜晚，我就像有心灵感应一般一直在哭。当我哭的时候，我就会被妈妈和姥姥关到大门外，直到哭完才能进屋	他们不是不关心你，她们只是害怕你的哭声会勾起她们对去世亲人的伤痛回忆
我总是把事情搞砸	独自在家时跑到床上写作业打翻了墨水瓶，墨水染黑了整个床单，我害怕极了，害怕妈妈批评我。我小心地看着妈妈下班后花了好久清洗也洗不干净的床单，自责总把事情搞砸	只有 6 岁的你能独自在家完成妈妈留的所有作业，打翻墨水的事情没有抹掉你可以独自在家完成作业的事实。正因为你的勇敢、独立，妈妈才能后顾无忧地去上班赚钱
我没有别人好看	亲戚和妈妈说："这孩子咋没有遗传妈妈那么好看的大眼睛和双眼皮，真可惜！长大割个双眼皮就好看了。"	你没有遗传到妈妈的大眼睛和双眼皮，你不需要去割双眼皮，你有单眼皮和小眼睛的美

填完上述表格，你发现了什么？

当有意识地把这些笼统的、绝对的“所有”“没有”“总是”，替换成具体的、清晰的那一次童年事件，看到童年那个无助的自己：她不是一直没有人关心，她也不是一直那样难看，她并没有被所有人讨厌，她更没有总是搞砸事情。看到事情的真相后，内在的评判一下子消失不见，她就能从卡住的童年记忆里爬出来，看到更完整的自己，让身心俱在此处。

此刻的纠结想法，变成了“干就完了”的第一个行动！

纠结的想法	“干就完了”的第一个行动
想办幼儿园，纠结办不好、不好办	先去走访身边 10 家幼儿园，拍成短视频，发布到短视频平台上，吸引 100 个粉丝
想出书，纠结不会写、写不好	先选喜欢的 10 本育儿书，挑选金句，拍成短视频，发布到短视频平台，吸引 100 个粉丝
想做家庭教育老师，又怕坚持不下去	先采访身边的 10 个家庭教育老师，拍成短视频，发布到短视频平台上，吸引 100 个粉丝

当完成第一个行动，你的感受如何？是否愿意继续挑战下一个行动？

先折后叠，决不放弃

“你真可怜，看你妈妈忙得没法陪你上课”，创业第一年的我在办公室无意间听到前台一位来接孩子的妈妈和我儿子的对话。在那一刻，内心有千军万马在奔腾，恨不得马上冲出去把儿子抱走。但我明白即便我冲出去，也无法停止其他人对职场妈妈兼顾不了孩子的评头论足。

和全职妈妈比，上班妈妈少了很多陪伴孩子们的时间。我当时一边要接待入园的家长，一边还要哄着哭闹的女儿，有时一边要跟老师开会，一边又到了给儿子喂奶的时间。我自己忙成了陀螺，拼尽全力只想证明我可以在干事业和做母亲这两方面都拿 100 分。夜深人静，被睡不着的挫败感侵袭的我幻想着，如果我不在如此年轻时成为妈妈，等心智成熟、有事业基础后再要小孩，是不是就不需要面对这个两难的境地，养孩子就应该无比容易了吧。

可是，如果等“熟”透了再要孩子，妈妈就真的完美到不会犯错，做一个所有人都挑不出毛病的好妈妈吗?

十几年前得知怀孕的我，在非常器重我的导师家里，就像一个即将被审判的犯人，因为这一场怀孕，我要中断我好不容易考上的研究生。导师说：“孩子什么时候都可以要，但是这个机会只有一次，你可不要让我失望。”

我不记得我是怎么走出导师办公室的，我只记得我让她失望了。我选择了孩子，签字放弃研究生的那一刻，我下意识摸了摸还没有隆起的肚子，虽然万般不舍，但我更舍不得这个小生命。那一夜，我梦到一个扎马尾辫的小女孩，远远地朝我笑，如今女儿长大的样子，和梦里的一模一样。

如果当年有一个念头错了，我就再也见不到这个叫作小米的女孩，她会画好多好看的画送给我，她会像小猫一样蜷缩在我的怀里蹭求抱抱，她会在我忙着直播忘记喝水的时候，悄悄给我泡好缓解胃疼的茶递给我。她不完美，她也不要求我完美，她只是希望我爱她。

《反脆弱》的作者塔勒布曾说：“风会熄灭蜡烛，却能使火越烧越旺。看似两难的困境，超越它，反而可以得到更多。”

矛盾的问题永远两难，先折后叠，转换视角，机会一直在那里。先把自己藏起来、攒起来、存起来，撬动杠杆，待时机戎熟，叠出来、跳出来、晒出来，厚积薄发。女性的人生会有很多弯路，会因为结婚生子而暂停事业，但永远能带着雄浑的力量再次出发，只要她不放弃职业发展。

困扰我的矛盾问题	先折后叠
读研究生和生孩子不能兼顾	找到可以兼顾带孩子的心理学研究生的学习机会
工作和养孩子不能兼顾	找到可以兼顾养孩子的教育行业的工作机会
备考和带孩子不能兼顾	在孩子睡着或喂奶时间，转换备考方式为听音频学习
教育孩子和妈妈学业职业成长不能兼顾	带孩子学习，转换为做榜样的教育方式

多年后，我还是成了研究生，只不过从当年我以为我喜欢的市场营销转到了我真正喜欢的心理学。我曾经以为自己这张白纸只有平铺的这一面，一目了然，原来我想要的，在折叠后的另一面。

在毕业典礼上，我戴上沉甸甸的学位帽，看着比自己小好多的毕业生向他们的父母招手，我没有父母列席，但人群中隐约有两个激动跳起来的小人儿在喊“妈妈，那是我的妈妈”。

那一刻，我忘了备考两年都失败的挫败，我忘了一边喂夜奶一边用耳机听考试题的困倦，我忘了被辜负的导师失望的眼神，我只记得女儿回家念叨好多年的那句话：“我也要像妈妈一样戴帽子拿证书毕业。”

一张纸如果经过 42 次对折，纸的厚度将达到约 44 万千米，居然大于地球到月球 38.4 万千米的距离！这就是先折后叠的力量。

折叠自己，会感到很疼，但终有翻转的机会。

如果没有因为怀孕而意外中断学业，就没有我重新出发找到真正热爱事业的机会，我会一直守着别人希望我走的那条路跑到黑；如果没有孩子们给我的人生带来的意外，我可能还陷在婚姻的围城里，埋怨人生的各种不如意，看不到围城外那么刺激的多面人生。

对不确定性的恐惧常常会阻碍我们去平衡两难的事业和家庭。但越是存在不确定性，人的主观能动性发挥的空间也越大。我们差点忘了，虽然事业和家庭两难的矛盾是死的，但人是活的。先折后叠，用好不确定性，不是舍弃，不是憋屈，不是牺牲，是在进退两难中，撬动杠杆，给自己第二次生命。

多年后，孩子们长大后会如何评价他们的妈妈，会怎么评价我养育他们的这段岁月，我不得而知，更无法预测。但我知道的是，孩子们看到了曾经只有一面的单调的妈妈，被折叠成一个归零后敢重新出发的妈妈。

“手捏青苗种福田，低头便见水中天。六根清净方成稻，后退原来是向前。”五代时期契此（布袋和尚）的《插秧歌》送给每一位敢于先折后叠的妈妈。

家庭中最荒诞的是把教育孩子变成争夺对错的战争，双方哪里是在教育孩子，明明是在孩子面前不停争夺权力和认可。在家庭中，妈妈不是注定的家庭牺牲者，当有人把自己安放在受害者位置时，另一方就成了所有悲惨生活的罪魁祸首。而孩子在家庭中总是忍不住把相对弱势的一方当成受害者，把相对强势的一方当成加害者，自己则扮演起了父母关系中的拯救者角色，看起来伟大，但失去了自我。

第二章

孩子救不了婚姻

谁是婚姻的拯救者

你是否也听过这些话?

“你看你爸那个德行，我当初真后悔嫁给他！”

“要是没有生你，我跟你爸早就离婚了！”

“没良心，妈妈对你那么好，你却总向着你爸！”

“你爸跟别的女人跑了，千万别相信任何男人！”

家庭中最荒诞的是把教育孩子变成争夺对错的战争，双方哪里是在教育孩子，明明是在孩子面前不停争夺权力和认可。

闭上眼睛，深呼吸，回想童年，作为孩子的你，能感受到妈妈和爸爸在家里分别有哪些需求吗?

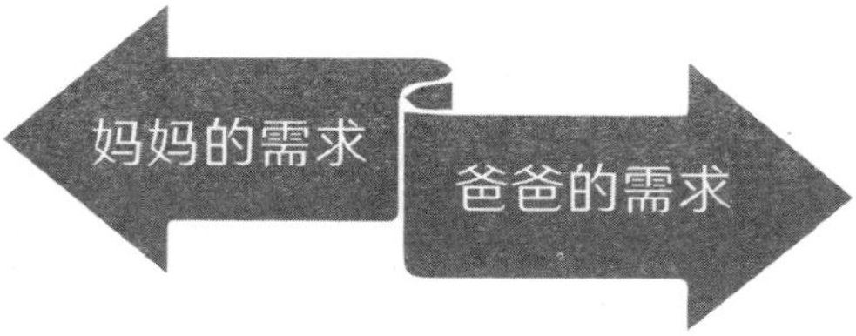

妈妈的需求	爸爸的需求

那么在家庭中，到底是谁最愿意当供给者呢？谁最爱这个家庭呢？

答案居然是：孩子！

闭上眼睛，进入孩子的内心世界，猜想困扰他的烦恼有哪些？

其实，困扰孩子最多的，永远是爸爸妈妈的关系。

看到父母吵架，大多数孩子都有如下想法：

A. 一定是我的错，他们才吵得那么凶。

B. 是不是我做错了，爸爸妈妈才吵架！

C. 我要生病了，他们会一起带我看病，就不吵架了。

D. 我下次乖一点，不惹他们生气了，他们就不会吵架了。

有多少孩子会把家庭的矛盾不自觉归因在自己身上？又有多少孩子会冲在最前面拯救父亲和母亲的婚姻？作为孩子的你，是否也曾希望为父母的婚姻做点什么，让他们关系好一些？

我的妈妈是在姥爷的安排下“被迫”嫁给爸爸的。自打记事起，我总是会在不经意间听到妈妈对爸爸的不满，两三岁时我就握着小拳头学着大人的样子保护妈妈，做什么事都希望她能开心。

美国心理学家史蒂芬·卡普曼博士提出“戏剧三角形”模型，在冲突中往往有 3 个角色：加害者、受害者、拯救者。

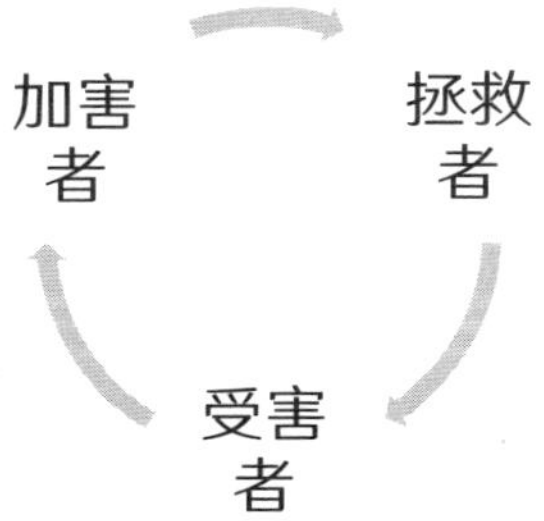

在我心里，妈妈不知道从什么时候开始成了一个受害者，而我隐隐约约感觉到爸爸是那个加害者，而我需要做一个拯救者。

“你爸在家不干活儿，一点责任心也没有”，于是我努力做好叠衣服、洗碗、擦桌子这些家务活，尽管我也想出去和小伙伴玩，但与那些出去玩的肤浅快乐相比，我更希望妈妈能开心，哪怕一点点。

“你爸下班回来就躺着，一点也不上进”，于是我下决心要做一个勤奋努力的孩子，考不到 100 分就站在门口流眼泪，向妈妈认错，期望我的存在可以让妈妈看到生活的希望，哪怕一丝丝。

“妈妈这辈子已经毁了，妈妈没有什么指望，就指望你能有出息”，于是我为了实现妈妈的愿望去学习我根本不喜欢的小提琴，把妈妈希望我做大学老师的职业理想当成我最重要的事。我在高考填报志愿时，划掉了她不认可而我想报考的新闻专业，向着她希望的方向要求自己，不出国，找一份安稳工作就行了。

“妈妈不能没有我”“我必须守护妈妈”成了我遭遇车祸之前的信念，如果没有那场意外的交通事故，我一直会在妈妈的婚姻中忙着做一个拯救者，不舍得离开那个需要我拯救的家，不舍得离开这段需要我才能维系的关系。在鬼门关走了一遭，才发现那些看起来不起眼的童年想法居然那么深地烙印在我的潜意识中。

结婚典礼上，伴娘问我："结婚有什么感受？"我半开玩笑半认真地说："能过5年，我就知足了。"我从她的表情上，看到了难以置信的错愕。原来，我都没有觉察到我这么恐婚。在结婚宣誓的那一刻，我相信白头到老的百年好合，但一想到记忆中父母婚姻的样子，我退缩了，为了让自己不失望，我放下了白头到老的预期，不想再体验"加害者、受害者、拯救者"三角形循环。作为曾经的拯救者，我不想再看到加害者和受害者打得不可开交。我更不想站在受害者的位置上，不想用"我的不幸生活都是由你造成的"这个控诉来审判爱人坐到加害者的位置上，更不想用"因为孩子凑合过吧"这样的理由让孩子成为下一代拯救者。

受害者感受	委屈、无助、伤心、怨恨
受害者想法	"都是他害的""我好可怜"
受害者行为	逃避责任、支配他人
受害者需求	被关注、被接纳、公平
受害者觉醒	自我负责

如果不想让你的孩子成为婚姻中的拯救者，你会有哪些新的决定？

在家庭中，妈妈不是注定的家庭牺牲者，当有人把自己安放在受害者位置时，另一方就成了所有悲惨生活的罪魁祸首。而孩子在家庭中总是忍不住把相对弱势的一方当成受害者，把相对强势的一方当成加害者，自己则扮演起了父母关系中的拯救者角色，看起来伟大，但失去了自我。那一句"要不是因为你，我跟你爸早就离婚了"背后，孩子背负了连两个成年人加起来都无法承受的重负。打着为孩子的旗号保全婚姻，比离婚对孩子伤害更大。

在结婚之前，你最担心的事是什么？发生了吗？

1. ______________________________

2. ______________________________

3. ______________________________

家里面真的有加害者、受害者和拯救者吗？还是这一切都是一场内心的苦情戏？“凡所有相，皆是虚妄。若见诸相非相，即见如来”，正如《金刚经》这句话揭示的，一切表象，都是假象，若看到表象背后的内在，就不再烦扰了。

受害是受害者自己设计的人生剧本，作为受害者，就能够得到：

“你应该关心我”的优越感；

“我总是对的”的正义感；

“都是你害的”的无辜感；

“不是我的错”的“免死金牌”。

作为受害者，看待自己的一些委屈，有时是为了在心理上获得更多的好处，不想站起来为自己负责，只想一直躺在受害者位置上收割同情的同时，举着正义、优越和无辜的三面大旗，拿着“免死金牌”，逃避本属于自己的那部分人生责任。

你认为谁是最忠于家庭的那个人？

孩子往往是最忠于家庭的人，他身上折射的是婚姻里所有的矛盾。父母的试图隐瞒，终究逃不过孩子敏锐的触角。身体里流淌着一半爸爸和一半妈妈的血，那一半血与另一半血相处得怎么样，孩子闭着眼睛都能感受到。

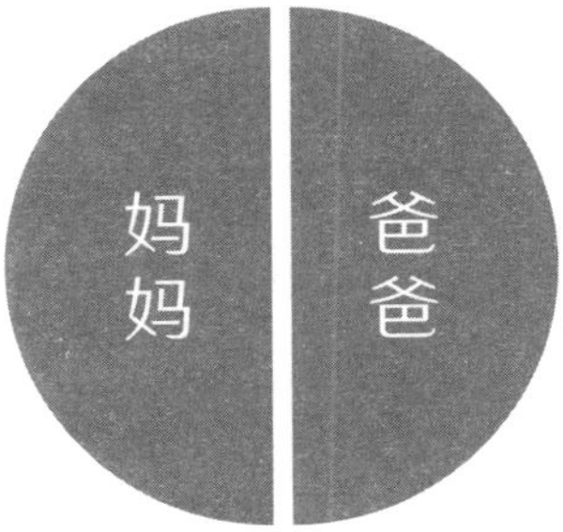

妈妈对爸爸感到愤怒，爸爸对妈妈感到惭愧，愤怒的血和惭愧的血共同奔涌在孩子心中。孩子对自己愤怒，孩子对自己惭愧，就这样他吞没了自己的生命。

妈妈对爸爸绝望，爸爸对妈妈无奈，绝望的血和无奈的血共同交织流淌在孩子心里。孩子对自己绝望，孩子对自己无奈，自己的希望也就越来越暗淡了。

对孩子来说，“哪里有加害者和受害者，爸爸妈妈都是我爱的人，我做不了婚姻的拯救者，我只是个孩子，我只是希望同时得到爸爸妈妈的爱”。

孩子不是父母婚姻的胃，你的怨、你的恨统统塞给一个孩子让他消化，孩子的能量在父母的矛盾里消耗掉了，哪有精力好好做自己呢?

回想童年，你能感受到爸爸妈妈之间的矛盾有哪些? 如果能穿越回到过去，你希望对爸爸妈妈说些什么?

美国“开国三杰”之一、政治家本杰明·富兰克林说，生命中最重要的决定是婚姻。一对好父母先要是一对好夫妻。两人的婚姻，不用孩子拯救。

思考下面的问题：

1. 当你是孩子时，你更喜欢爸爸还是妈妈？

2. 当你是孩子时，你是怎样向更喜欢的爸爸或妈妈表达爱的？

3. 当你是孩子时，爸爸或妈妈是如何向你表达爱的？

4. 问你的另一半，当他是孩子时，更喜欢爸爸还是妈妈？

5. 问你的另一半，当他是孩子时，他是如何向更喜欢的爸爸或妈妈表达爱的？

6. 问你的另一半，当他是孩子时，他的爸爸或妈妈是如何向他表达爱的？

你表达爱的方式 填入第 2 个问题的答案→ 当你是孩子时，你是怎样向更喜欢的爸爸或妈妈表达爱的	
另一半表达爱的方式 填入第 5 个问题的答案→ 当他是孩子时，他是如何向更喜欢的爸爸或妈妈表达爱的	
你感受爱的方式 填入第 3 个问题的答案→ 爸爸或妈妈是如何向你表达爱的	
另一半感受爱的方式 填入第 6 个问题的答案→ 他的爸爸或妈妈是如何向他表达爱的	

填写表格后，你发现了什么？和另一半婚姻中的矛盾是否与原生家庭经历相关？

在原生家庭中感受爱和表达爱的方式深深影响着婚姻中的我们。婚姻中的矛盾，体现了曾经在各自家庭中长大的孩子对感受爱和表达爱的差异。家庭中从来没有注定的受害者、可恶的加害者和无所不能的拯救者，从头到尾，都是原生家庭赐给我们的有色眼镜，摘下它，就看到了原生家庭本来的样子。

在婚姻中做改变，不让孩子承担上一代的重担，已经是最好的教育。

请重新改写忍不住对孩子说的话，邀请另一半参与改写。

忍不住对孩子说的话	重新改写对孩子说的话
你看你爸那个德行，我当初真后悔嫁给他！	亲爱的宝贝，虽然妈妈不爱爸爸，但是爸爸依旧爱着你，就像妈妈一样。
要是没有生你，我跟你爸早就离婚了！	亲爱的宝贝，如果重新选择一次，爸爸妈妈还是会选择生你、爱你，不管爸爸妈妈关系怎么变，你都是我们最爱的宝贝。
没良心，妈妈对你那么好，你却总向着你爸！	亲爱的宝贝，看到你爱爸爸，妈妈也很开心，你不需要非得在爸爸妈妈中选一个最爱谁。你永远记住，爸爸妈妈都会爱你，你不会失去哪一个的爱。
你爸跟别的女人跑了，千万别相信任何男人！	亲爱的宝贝，虽然爸爸和妈妈的婚姻关系结束了，但你的爸爸不会因为和妈妈分开而停止爱你，你的妈妈也不会因为和爸爸分开而停止爱你。我们永远爱你，因为你是爸爸妈妈永远的爱。

丧偶式育儿的背后

我结婚大喜的日子，我的妈妈全程眼睛泛着泪花。她怎么不为我结婚成家而高兴？我结了婚，还是我呀，还是她的女儿，为什么她的眼泪止不住地从眼眶里冒出来，怎么拦都拦不住？

不记得从何时起，爸爸退出了我的成长，重要时刻他不在身旁，我几乎所有的人生抉择他都没有参与，而家成了妈妈抱怨爸爸回来除了吃就是睡的“旅店”。

在我妈妈心里，结了婚，嫁了人，女儿就不再是女儿，而成了别人的妻子，几十年的母女情分到结婚这一刻戛然而止，取而代之的是，女儿成了别人家媳妇。这导致我怀孕时创业，妈妈成了最反对的人：“你老公不同意怎么办？”“你照顾不了孩子，到时候看你怎么办！”

回想童年，作为孩子的你：

看到家中的男性承担了哪些责任？（　）

家中的女性承担了哪些责任？（　）

你成家有了孩子之后，在你心里，男性应承担哪些责任？（　）

女性应承担哪些责任？（　）

回溯你爱人的童年，在他们家中，男性应承担哪些责任？（　）

家中的女性应承担哪些责任？（　）

在你爱人心里，男性应承担哪些责任？（　）

女性应承担哪些责任？（　）

A. 赚钱养家

B. 做家务，如洗衣、做饭

C. 陪孩子写作业

D. 接送孩子上下学

E. 陪孩子上课外辅导班

F. 开家长会、参加学校组织的家长活动

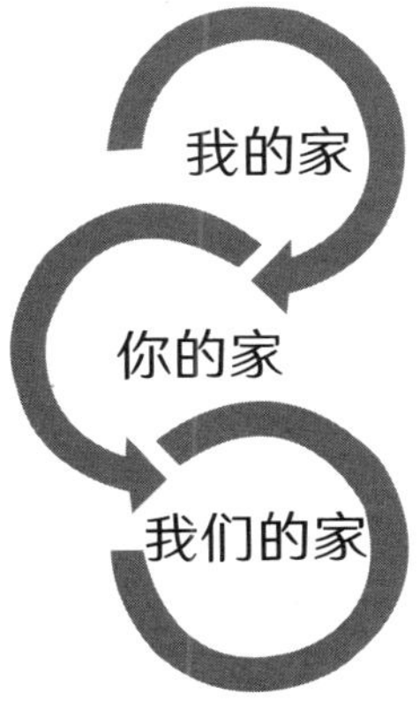

“我的家”和“你的家”深深影响了“我们的家”。每个之前的家对于男女分工的历史，决定了在新的家两个人想怎么分工。

你和另一半约定好的家庭分工有哪些?

哪些历史原因在影响着你们达成一致?

回答完上述问题，你有哪些新的决定?

以下哪些话让你印象最深刻？（　）

A. 别看现在学习好，等开始学数理化了，女生不如男生。

B. 女人要早点结婚啊，过了 30 就很难嫁出去了。

C. 女人干得好不如嫁得好。

D. 做什么事情都好强，一点也不像个女人。

猜猜说这些话给女人听的是男人多还是女人多？我在米来妈妈私塾里获得的答案惊人地一致：女人多！

为什么女人偏偏要为难女人？

在一代一代妈妈的心里，女人是依附这个家才能存在的。她很怕没有了这个家，所以守着这个家。

“我家老公不靠谱，换尿不湿连正反都分不清，还得我来。”

“哎呀，我家老公更不靠谱，那天接孩子走错了教室，急得我又赶过去。”

“谁都比不上我家老公不靠谱，从来没去接过孩子，这把我累的。”

“老公永远是甩手掌柜，这个家里里外外都靠我一个人。”

只要有女人聚众的场合，总是能听到集体吐槽另一半的盛况。看似抱怨的背后，女人们到底在表达什么？

“这个家非我不可，没我不行，我怎么可能脱离家庭之外存在，我是多么需要这个家，你们怎么可能离得开我。”抱怨，是女人印证自我价值的呐喊。

大包大揽的妈妈与不愿负责的爸爸在家庭中总是配套出现的。家庭里所谓的好坏，都是相互造就的。没有坏爸爸，哪来好妈妈？

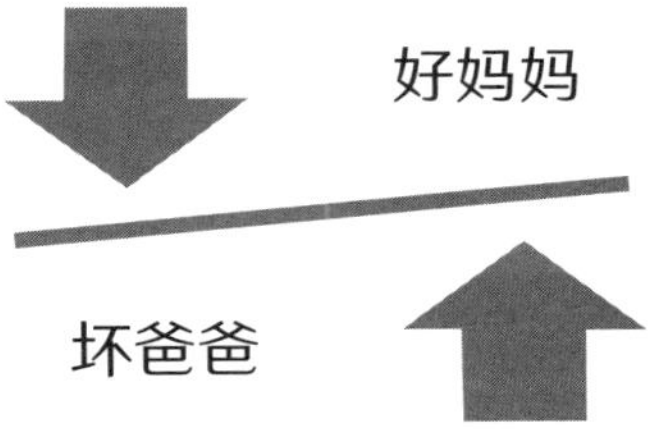

付出、奉献、牺牲的潜台词是“你欠我的”，在道德高地上牢牢守住

优越感，对不付出、不奉献、不牺牲的另一方要挞伐。所谓丧偶式育儿，是妈妈和孩子化成了一团“分不清你我”的糨糊，而爸爸孤零零一个人被丢在一边。

怎么终结丧偶式育儿，让男人回家，让孩子有一个不缺席的爹？

“爱他”“爱娃”之前，永远先有“爱自己”的核心。

就像健身运动，不管练习哪些高难度动作，都要先练核心，没有核心，就容易受伤，费力不讨好。你怎么爱自己，就是教别人如何来爱你。

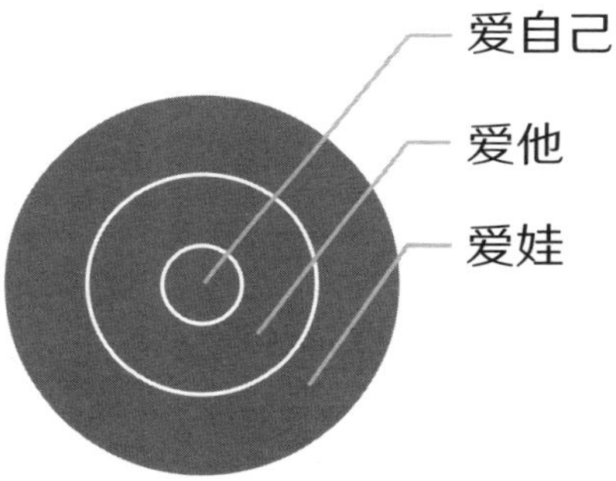

试想这样一个真实的场景，本想跟男朋友分手的你万万没有想到，男朋友在你去外地出差的时候和你的双亲提亲，被男朋友外表欺骗的父母就这样替你预定了婚礼的日期。当所有亲朋好友恭喜你的时候，你就这样被迫成了新娘。不想让父母在亲友面前难堪，你在困惑中踏入了婚姻的殿堂。殊不知，等待你的居然是婚后整整 9 年的家庭暴力。如果是你，接下来会怎么做？是忍到孩子长大再做打算，还是不管再大的困难都要改变？

这个场景其实是一个真实的故事，场景中的她所在的国家南非不允许离婚，她没有任何法律的权利可以终止让她遍体鳞伤的婚姻关系。终于熬到了 1979 年，她所在的国家通过《不可挽回的婚姻破裂法》。

尽管她的丈夫威胁她，要用枪打碎 3 个孩子的膝盖，用刀划破她的脸，让毁容的她带着 3 个残废孩子，看她怎么生活，她依旧提出了离婚。提出离婚后，她的丈夫怒不可遏，提着刀在大街上追着她，威胁她放弃离婚，甚至作为富豪的丈夫对她进行了连孩子养育费都不给的经济封锁，但这些恐吓都没有让她退缩。

她一边打 2 份工，一边和前夫打了 10 年之久的抚养权官司。她得知大儿子想去加拿大发展，她选择听从大儿子的建议，举家从南非搬到了加拿大，一家四口住到一个逼仄的小房间。没有钱修车，她让孩子们捡零件修车。没有人知道在异国他乡，她是如何资助 3 个孩子读大学的。更想象不到的是，加拿大不承认她南非的硕士学位，她除了打工资助孩子们上学外，又攻读了一个营养学硕士，出版了营养学的书籍。大儿子从加拿大考上美国顶尖名校斯坦福大学读博士，入学后没几天就选择退学创业。

想一想

如果你是她，你会怎么做？（ ）

A. 劝儿子回名校读完博士

B. 拿所有积蓄支持儿子创业

C. 带着全家跟随大儿子去美国

D. 和儿子断绝关系，逼孩子放弃不靠谱的创业当没有任何一个人愿意为她大儿子投资的时候，她拿出了自己所有的积蓄，成为儿子的第一个天使投资人，带着全家追随大儿子搬到了美国。大儿子财富自由后，她依旧在工作，她就是那个 71 岁已满头银发还能以酷姿态行走在纽约时装周的知名模特，她培养了闻名世界的 3 个企业家，她就是《时代》周刊杂志封面人物、《人生由我》的作者梅耶·马斯克。她的大儿子是有“钢铁侠”昵称的特斯拉、Space X 等多家公司的创始人埃隆·马斯克，二儿子金博尔·马斯克是把农场开到全美顶尖大学的环保企业家，她的小女儿托斯卡·马斯克是好莱坞知名电影制片人和导演，拥有自己的电影制片公司。

爱自己的妈妈不会逼着别人做什么，就像梅耶·马斯克，历经 9 年的炼狱家暴生活，她不再将希望寄托于别人。哪怕生活艰苦到一家人睡在地上，她依旧没有放弃爱自己，攻读硕士，发展事业。在大儿子退学后，她没有强迫孩子学习，逼孩子完成大人未竟的梦想，她一直在努力，更好地成为自己。

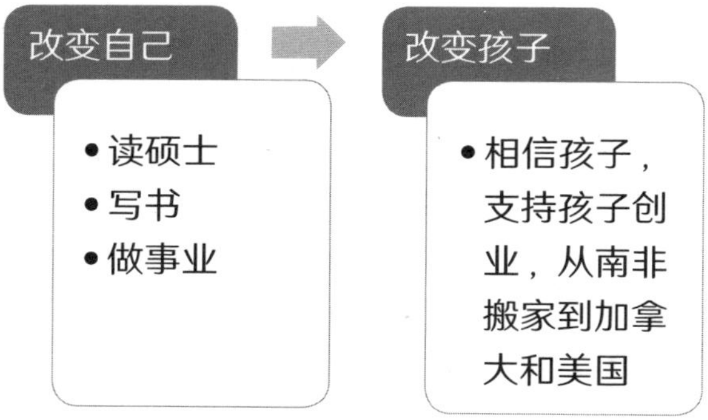

“我为孩子付出这么多，孩子为什么还不能好好学习”，“我都已经陪她了，她为什么还不早点睡觉”，“我都放弃工作了，他怎么还不听我的

话”。妈妈需要先活成一个人的样子。把人生寄托到孩子身上是当妈妈之后最大的谎言，除了让孩子不堪重负，并不能让自己的人生好起来。

孩子多么想对妈妈说：“亲爱的妈妈，在你没有照顾好自己时，千万别为我做任何事情，因为你会把一切期待加在我身上，你觉得委屈，而我觉得很亏欠，我不想亏欠你一辈子，请你做自己。你好了，我怎会不好？”

想一想

如果用孩子的口吻给自己写一封信，猜猜你的孩子会说什么？

所谓丧偶式育儿，是自己对不起自己，又不知如何面对自己的难过。明明是女人让自己过得那么苦。拿起对男人的枪容易，放下对自己的屠刀更难。爱家庭之前先爱自己，能对不起你的只有你自己。

请你为爱自己打分，从 0 ~ 10 分，打____分，你打算提升到____分。

为自己设计 100 天学习成长关爱自己的计划，具体到要做的事和截止日期，请记录下来并发给最好的朋友，邀请对方监督你。

时间	计划	目标	监督人

别赢了争吵，输了关系

女儿人生中第一次被揍发生在上小学后不久。那是一节体育课，在自由活动的时候，女儿平常一起玩的玩伴 A，情绪激动地骑在女儿身上，不顾她的哭喊和求助，发泄式地将拳头落在女儿身上，等老师跑过来才把 A 从女儿身上拉开。因为情况的严重性，学校老师第一时间通知我和孩子的爸爸去学校，也第一时间联系了对方家长见面。

等我们进到学校会议室的时候，只看到 A 的妈妈孤零零一个人。还没等我们开口说话，她就哭了，一边哭一边说对不起。能看出来她很抱歉，哭了很久，才等到 A 爸爸来。

A 爸爸进门时，一副昂首挺胸的神气模样，他当着所有人的面，对着自己妻子一通指责："你怎么带孩子的，我都跟你说了多少遍，你全职在家，就是为了把孩子照顾好。"A 妈妈不仅要对外人说对不起，还要和自己的丈夫说对不起。那一刻，我终于明白她一直哭的原因，她不只是害怕面对我们，更害怕的是面对自己的丈夫。

那位爸爸指责完自己的妻子，给老师递上一张金光闪闪的名片，上面赫然写着某某集团董事长，对老师笑嘻嘻说：“孩子们打闹这点小事，不至于，不至于。”他的目光掠过我，直奔我爱人，也递上了名片，“来来来，咱们认识一下，谈谈生意机会。”A 爸爸以企业家自居，把学校组织这场关于孩子问题的会议转变成了两个男人之间谈生意的宝贵机会。

想一想

如果只给你 10 秒钟，需要把另一半攥紧的拳头打开，你会选（ ）

A. 动用武力掰开

B. 央求对方打开

如果你把拳头握住，请另一半用 10 秒时间，把你的拳头打开，你猜他会选（ ）

A. 动用武力掰开

B. 央求对方打开

拳头隐喻家庭中的权力，打开彼此的拳头就是彰显主权。雅典悲剧作家索福克勒斯曾说，世界上最难揣测的事物莫过于人，想要看清一个人，最好的方法是将权力塞到他的手里，看他如何行权号令，尤其是在家中。

家庭中有高高在上的指责者，通过指责别人来掩饰自己的脆弱，将自身压力和焦虑毫无顾忌地倾倒给周围的人，唯有当别人顺从他时，他才感觉有力量。

家庭中卑微的讨好者，要为做错的事负责，努力取悦别人来隐藏自己的脆弱，不顾自己内心的感受和想法，总是要得到别人的认可，总是对他人很抱歉，把“对不起”和“欠人情”挂在嘴边。

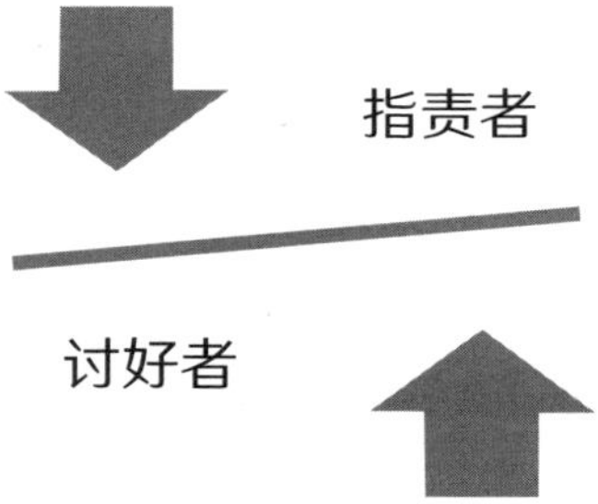

指责者和讨好者总是搭配出现，看上去是在争权，背后争的却是爱。家庭中最大的折磨，莫过于以爱之名争取权力。

你通常是指责者还是讨好者？

当家庭中的爸爸认定了“我赚钱比你多”，升腾起的优越感无形中碾压了作为全职妈妈“没有收入、没有家庭地位”的尊严。作为孩子，看到在家庭的天平上，爸爸永远高高在上，妈妈永远低到尘埃里，孩子会学到什么？是平等地尊重一个和我想法不同的人，还是暴力镇压一个和我想法不一样的人？

孩子的暴力行为永远都是先从家庭里父母的关系中习得。所有在社会上欺负别人的“混世魔王”，追根溯源都是曾经在家中被暴力镇压不敢反抗的孩子，长大后就会用曾经受到的暴力镇压比他更弱小的人。

权力决定了谁是好人和坏人，谁是受害者和加害者，谁高人一等，谁低人一等。但是作为一半 DNA 属于爸爸、一半 DNA 属于妈妈的孩子，应该怎么选？是和高高在上的指责者成为同盟，还是和跪在地上的讨好者成为同盟？

当恋爱关系中的一方说出“都是你的错”，另一方认定“都是我的错”，关系的一方常常会变得越来越愤怒，关系的另一方变得越来越抑郁，注定是一场无法挽回的悲剧。

你希望孩子长大恋爱时，遇到什么样的亲密关系？为此，你愿意现在做哪些改变呢？

两个人在一起的意义是共同成长，不是打压一方成就一方，不是压榨一方滋养一方，不是牺牲一方保全一方。亲密关系一旦出现了贬低，一旦萌生了优越感，悲剧就开始酝酿了。手里拿着铁锤的人，看世界就像看到了满地的钉子，最先遭殃的是亲密的家人。“仗”打赢了，却输了关系！

小时候我特别羡慕邻居家比我大一岁的哥哥有个好爸爸，除了他的爸爸工作出色得到邻居们的称赞外，最让人嫉妒的是，他每天早上都会给儿子做丰盛的饭菜，装到饭盒里。但是我经常看到哥哥的妈妈在楼道里数落哥哥的爸爸，我总是不理解为什么这么好的爸爸还要被批评。

直到有一天，写作业的我突然听到楼道里的打斗声。我从门的猫眼悄悄望去，一群人围着一个陌生女人打，后来才从大人口中听说，原来哥哥的妈妈发现了丈夫与女同事交往密切，于是叫上家里的亲戚揍了这位女同事，直接把对方打到住院。等我下一次再看见哥哥的爸爸时，他拎着行李箱坐在楼道里一根接着一根抽烟。哥哥的爸爸就这样离开了家，我再也没有闻到那家饭菜飘香。那一年正好邻居哥哥要参加中考，一向学习优异的哥哥意外落榜。后来，我才从妈妈那里得知，原来邻居哥哥的爸爸和女同事因为这次被打住院之后才走到了一起。那一场打斗成了哥哥一辈子的心结，他想不通，为什么人生如此关键的时刻，自己最爱的人和另一个最爱的人闹成这样。

想一想

假设有一天你发现婚姻中的伴侣和异性交往过密，你会怎么处理呢？

孩子会从你的处理方式中学到什么？

孩子未来婚姻的样子就藏在父母的婚姻里。双亲过得幸福，孩子才能放心地走向属于他们的幸福。

冲突不可怕，沟通“三部曲”

场景一：

女：“天天下班就知道打游戏，也不知道陪孩子！”

男：“我刚陪孩子，你没看见？”

女：“你的意思是陪孩子一会儿我还要感激你？”

男：“我没这个意思！这可是你说的！”

女：“什么没意思，妈妈做就是义务，爸爸做一点就冤枉！”

场景二：

女：“为什么给女儿剪这么短的头发？”

男：“女儿怕热就剪了呗！”

女：“剪之前怎么不和我商量一下？”

男：“上次你给她剪刘海也没和我说啊！”

女：“你做什么不是也不和我说吗？”

男：“你觉得我带不好小孩，你自己带啊，带去上班去！”

女：“带去上班就带去上班，谁怕谁！”

吵架最让人诟病的是双方翻旧账，吵一次架恨不能带着几生几世的恩怨：“这么多年了，让你翻篇，怎么就翻不过去？为什么这么小肚鸡肠？”

回想小时候，让你印象最深的那一次父母争吵，对你是否产生了影响呢？

1922 年，只有 21 岁的在读心理学专业的苏联学生布尔玛·蔡格尼克惊讶地发现，威尼斯咖啡馆的服务生，不借助任何工具，就能记下客人复杂的点单。惊人的记忆力引起了蔡格尼克的好奇。但她采访服务生后，却发现这些神奇的记忆力在他们点单完成后就消失了，完全记不得客人点了什么。

蔡格尼克后来成了德国著名心理学家，基于在这家威尼斯咖啡馆里的观察，她让 32 名被试者做 20 件事，其中 50% 的事允许完成，50% 的事中途叫停不让完成。试验结果发现，人对“尚未完成的事”的记忆力是对“已完成的事”的记忆力的 2 倍，后人称之为“蔡格尼克效应”。

在米来妈妈私塾，我碰到这样一对父母，他们担心彼此的矛盾对孩子有影响，于是选择在孩子面前隐瞒矛盾。为了不影响孩子，他们在孩子睡着后用手机打字吵架，一条一条无声的信息，在孩子的鼾声中疯狂攻击着彼此的眼睛，他们以为这一场场无声的战争不会影响到孩子。他们以为毫不知情的孩子，在班里一次“我烦恼、我愿望”的游戏中，拿着象征烦恼的虫子发言棒时，说出了“我烦恼，因为爸爸妈妈吵架”，拿着象征愿望的发言棒时，他说“我希望爸爸妈妈不要离婚”。他们无论如何也想不明白：明明是背着孩子吵架，孩子怎么什么都知道？两人已经尽力隐瞒，为什么还是会影响到孩子？

回想小时候的你，会通过哪些线索发现父母隐瞒你的事？

那些想隐瞒的吵架，只会以更迷惑的方式留在孩子的心里，蔡格尼克效应一次一次地累积。孩子比私家侦探更擅长观察父母之间微妙的关系，知道父母的话会骗人，但是那些不起眼的表情、眼神，那些凝固的空气不会骗人。

判断人与人有多亲密的关键指标，是彼此能袒露多少脆弱。袒露脆弱，让人和人之间变得亲密。人有了安全感，才会发自内心地去理解对方，化解彼此的误会。

想一想

你愿意展现脆弱的一面给谁呢？（　）

A．父母

B．同事

C. 最好的朋友

D. 另一半

E. 孩子

F．路人

G. 网友

问问自己和你的孩子下面的问题：

1. 回想你交往最深的朋友，他做了哪些让你有安全感，让你愿意袒露心扉，暴露自己脆弱的事？

2. 你的父母会主动向你袒露他们的脆弱吗？如果不会，你希望他们向你袒露脆弱吗？

3. 小时候，父母做了哪些事让你觉得特别亲密、特别有安全感？

4. 你是从什么时候开始理解父母的？发生了什么事，让你开始消除误会、理解他们了呢？

打着爱的名义的隐瞒和欺骗，只会把孩子推得越来越远，向孩子坦承人之为人的脆弱，孩子会和我们越来越亲密。只有关系更亲密，理解才能自然而然地发生。如果没有敞开心门，而是选择逃避，那么当时的火气就会让人念念不忘，累积成下一次的无名火，任由一个个矛盾如一个个疙瘩横亘在关系中，以未完成状态吞噬家庭关系，活跃在未曾察觉的记忆中。

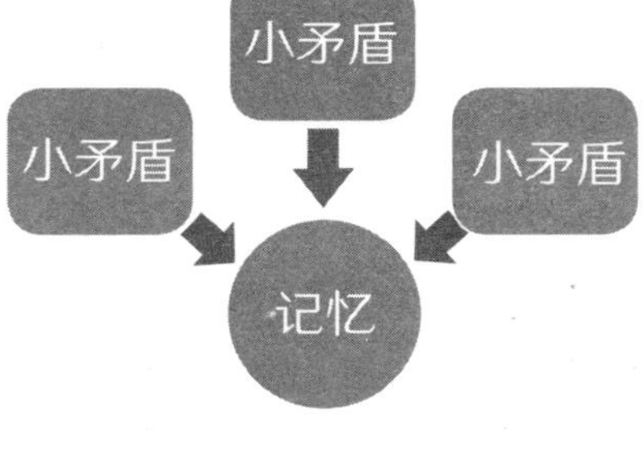

一切记忆都会寻求表达，哪怕是被压抑的，更是在不经意间就会被

孩子捕捉。

把孩子推走，隐瞒冲突，埋下隐患，只是短期换来了表面和谐，这种虚假和平的背后杀机四伏，矛盾不会因为压抑就消失不见，情绪不会因为理智压抑就不再爆发。蔡格尼克效应告诉我们，未完成的矛盾会让人更难忘，进而累积到下一场吵架中。

“下班后就知道自己忙，看书、打游戏，也不知道陪孩子！”发生这个矛盾的时候，一定要想办法让这个矛盾完成，因为躲得了今天的“暴风雨”，躲不开之后的耿耿于怀。

沟通“三部曲”		
表达需求	暴露脆弱	承认差异

第一步，直接表达需求

“亲爱的，我非常爱你，我非常需要你来陪孩子，你每天花半小时来带孩子，我不干涉，全听你的！”

第二步，不羞于暴露脆弱

“亲爱的，我很无助，我害怕孩子没有爸爸陪伴会很伤心。”

第三步，承认双方差异

“亲爱的，你陪孩子和我不一样，你是无法替代的好爸爸。”

同理，直接面对矛盾核心，让它过去，就不会再横亘在关系中，屡屡出来捣乱。

和另一半的矛盾，具体描述	第一步，直接表达需求	第二步，不羞于暴露脆弱	第三步，承认双方差异	孩子从中会学到什么？

家庭中不是没有矛盾，而是“有误会，能理解，会和好”。美国家庭治疗大师萨尔瓦多·米纽庆说：“其实并不存在什么理想的家庭。没有一个家庭是没有冲突、没有问题的。只要这个家庭具备修复关系、解决问题的能力，那它就是一个足够好的家庭。”让孩子见证矛盾是如何解决的，就是最好的教育。

想一想

看完这一章，你有哪些新的决定？把它写下来后拍照，发给你最想袒露的那个最亲密的人。

俄罗斯作家邦达列夫说：“人类一切痛苦的根源，都源于缺乏课题分离。”解决世上一切困难的万能法门：别人的事可以划入“关我啥事？”，不去掺和就可以全部解决；自己的事可以划进“关你啥事？”，不去在意别人掺和就可以彻底处理。

第三章

“弱”是“强”的同义词

“弱”等于“强”

作为创业妈妈，最常被问到的就是“怎么平衡事业和家庭”，甚至我的一门线上课就是靠这个扎心的题目而畅销几十万份的。

为什么从不问男性怎么平衡事业和家庭?

2019 年，我去长江商学院读书，班上只有不到五分之一的女性，每次课间去卫生间，与其他卫生间排队总是女生多的情景不同，长江商学院的女卫生间却显得异常空旷。外界对去男人堆里深造读书的女性都会投射出意味深长的笑。

长江商学院创业班的课程设计中有这样一门神秘的课程，我们被分成了 10 人一组的小组，要分别进入一间完全漆黑的屋子，完整地体验 2 小时的黑暗，还需要小组合作完成 4 项不同挑战的任务。

在门口排队的时候，身经百战的创业者们却有点惴惴不安，眼睛即将看不见任何东西，这种恐慌是怎么安慰自己也无法化解的。搭着前面同学的肩膀，我们终于走进了漆黑的房间，任凭你怎么睁大眼睛，眼前只有黑暗，我们只能听到教练的声音，像来自遥远的天边。

我当时也很恐慌，我很怕自己跌倒，更怕自己的眼睛再也看不到光。正在这时，听到教练让我们完成一系列挑战任务，在黑暗中行走、拼积木、合作进食、搭建地面的绳结建筑，全场一片哗然。面对如此巨大的黑暗和挑战，没有人相信自己能完成。

在最绝望的时刻，每个组被安排了一位教练来帮助我们，这位教练仿佛是一根救命稻草。庆幸的是，给我们组安排的教练刚好坐在我旁边，从她温柔拉着我的手和声音判断，她是一位女教练。

我们在她的鼓励下，开始在黑暗中慢慢移动，虽然经常碰到障碍物，但只要听到她冷静的声音，我们就能马上安静下来，听从她讲解的策略，在迷路中能找到座位慢慢摸索坐下来。她耐心地告诉我们怎么在黑暗中定位物品，通过触觉感受物品的形状，感受绳子的方位。在完全黑暗中，她就像无所不能的女神让我敬仰。

我猜她一定是戴了功能强大的红外线眼镜，才可以在黑暗中这么自如从容。等灯光亮起游戏结束，我和组员们看到心目中无所不能的教练，居然是一位拿着手杖的盲人。那一刻，惊讶让全场出奇地安静，随即响起发自内心的热烈掌声。

掌声后每一位盲人教练给我们讲了他们自己的故事，他们作为视障人士是如何在这个世界上生存的，而这些生存经验又是如何促成他们成为“黑暗中的对话”的认证教练的。

如果不是在黑暗中，谁能想到盲人会成为其他人的老师，所有的“残障”弱势转换环境就是另一个优势，从来没有天生的强，这是我一辈子难忘的体验。

上野千鹤子说：“女性主义绝不是弱者试图变为强者的思想。女性主义是追求弱者也能得到尊重的思想。”女性不是非要达到男性的标准。

想一想

你曾经听过哪些让你难忘的话？（ ）

A.“女司机开车就是弱！”

B.“她那么强，她老公一定很惨！好同情她老公！”

C.“她太强了，不像女人像男人！”

D.“事业心太强的女人，家庭不幸福！”

从童年起，对男孩和女孩的期待就开始分化：“男孩淘一些没事，长大聪明”“女孩不能淘，要淑女、要乖，要不就没有人喜欢”。旧社会的裹脚布虽然从女性身体上摘掉了，但给女性的心理留下了束缚。小女子真的弱吗？

这是侦探女王阿加莎·克里斯汀娜真实的人生经历。24 岁的她在“一战”后和一位军官闪婚了，虽然战后生活拮据艰难，但她想着至少家庭是幸福的。婚后的十几年，她从来没想过有一天，丈夫会在她挚爱的母亲离世期间，找了情妇，背叛了自己。为了女儿，她想再给丈夫一次机会，她一次次挽留丈夫，“和女儿在一起组成完整的家庭不是你想要的幸福吗？”丈夫的否认和离开的背影，让她遁入黑暗。母亲的去世和丈夫的背叛，双重打击让她在文字中消解这份痛苦。38 岁的她被迫和丈夫离婚了，失去经济来源的她开始用写作养家糊口。离婚后的第一年，她写出了《尼罗河上的惨案》。在她的人生最低谷期，她用笔塑造了简·马普尔小姐这个终身未嫁的小说主人公。在小说中，一个弱小的女人变成了可以主宰世界的王者，主人公简·马普尔小姐一路开挂，世界上没有她破不了的谜案。

她的才华和勇气吸引了比她小 14 岁的牛津大学毕业生、考古队员马克思·马洛温的倾慕。26 岁的他和 40 岁的她在一起了。

你是否因为年龄的限制，错失了人生的重大机会？

在她无助痛苦时，她习惯了写作，“在屋里走来走去，颓然倒在沙发里，禁不住想大喊大叫”。每当她想在写作时自我否定，马克思总是以幽默的方式鼓励她，“你去年也说过你写不出来，可是你最终还是写出来，哦对了，前年也是这样”。她和马克思结婚的这些年，是她创作生涯最高产的时期。她跟随马克思在世界各地考古，从埃及到斯里兰卡，从南非到澳大利亚，一次次的远行给她的作品带来源源不断的创作灵感。《东方列车谋杀案》等作品畅销欧美，她声名鹊起，被后人铭记。

但她不是生而强大，更不是一直强大，正是因为自己的弱小，才能走进人性最深处，完成了一部部作品。她先后写出了 80 部侦探小说，6 部爱情小说，作品被翻译成 103 种语言，全球 150 多个国家总销量 20 亿册，仅次于《圣经》和莎士比亚著作的发行量，是人类史上从古至今最畅销的作家。英国女王伊丽莎白二世授予她“侦探女王”称号。

后人都在佩服阿加莎·克里斯汀娜作为女性的伟大。作为高产的小说家，谁能想到她曾是一个在舞台上害怕得发抖的弱者。因为惧怕，放弃演唱，开始写作，好不容易完成人生第一部作品，弱小的她接连遭遇了十几家出版社的退稿。后来她一举成名，却遭遇了婚姻的背叛。被迫离婚后，为了养家糊口和消解痛苦，她开始写小说，尽管她的亲姐姐都不看好她写的侦探小说。她就这样以弱者的身份坚持了很多年，她从未预料过自己会在40岁时步入第二段幸福到老的婚姻，更想不到在遭遇背叛后，她可以同时收获美满的婚姻和辉煌的事业。

我们在体会到社会对女性身份的恶意时，这里面是否包含内化到潜意识的认同？在潜意识里，有多少来自男权文化的规训？

爱因斯坦说，过你的人生只有两种方式：当作没有任何奇迹，或者当作一切都是奇迹，决定是不是奇迹，在于你的心。

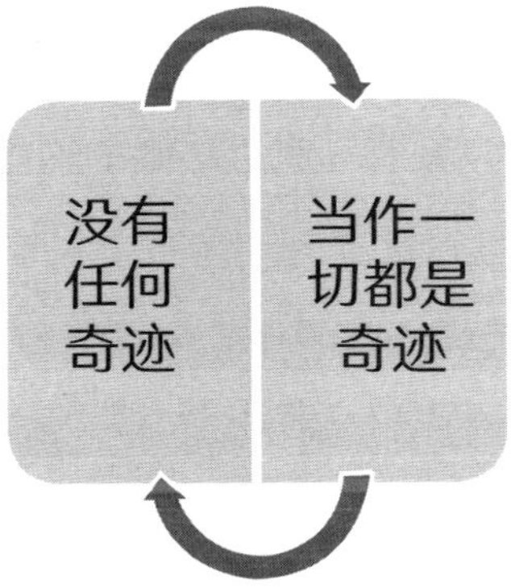

儿子的美好童年从4岁开始倒退，能唱英文歌、能背诗的他因为一场罕见病掉入了一个不断下滑的深渊。不管用什么治疗方法、找多么厉害的医生，都无法减缓他倒退的速度。到了上学的年纪，他失去了语言能力、一部分平稳行走的能力和咀嚼吞咽的能力。实在无法想象，他内心有多么强大的想活下去的力量。他每天睁开眼睛的第一件事永远都是笑，在他的世界里，能看到爸爸妈妈等家人在身边，他就很满足了。虽然没有力气，他还在努力抓你的手告诉你，他很想吃好吃的。当好吃的入口却没有力气咽下去的时候，从他的脸上能感受到食物的美味让他如此知足。当我在黑暗中抱着他默默流泪的时候，他使出仅有的力气用小手抚摸我的脸，仿佛在安慰我："妈妈，没事，你别担心。"那一刻，我觉得他比我强大得多，在面对疾病的时候，他不是弱者，他的意志在突破身体的限制，不断告诉我们："我要活下去，我想活下去！我会活下去。"

我们全家从首都北京搬到了海南岛的小镇上。在热带气候的加持下，看着他在沙滩上一点点重新能走路，看着他能咀嚼海南的各种特色水果，看着他在好吃的食物面前开始重新发音，看着他在吃药时永远乐观的样子。那一刻，我才知道，他是我们全家最强大的人，他信念坚定，带领我们全家走出了绝望的低谷。

作为一个患儿妈妈，按照世俗观念，我不可能再去打拼什么事业，应该守在孩子身边，寸步不离，这样才是最好的母爱。但我笃定，儿子来到我身边的生命意义绝不是让我坐穿"弱者监狱"的牢底，而是希望我找到强者的力量和光明。于是，我拿起了笔，把他的故事写下来，是想告诉自己，弱者转了身，就是强者。

想撕下身上的弱者标签，别等别人，别怨舆论，自己靠行动就能撕下来。

想一想

你最想撕下来关于弱者的哪 3 个标签呢？比如，女生不擅长数理化、

女性不适合创业、女强人一定顾不上孩子、有了孩子就发展不了事业等。

想撕下的标签	为此付诸的行动	截止日期	监督人

请人监督你，如果没做到，你给他们分别发（　）元的红包，确保百分之百完成。我等着你的好消息！

不要“应该”要“决定”

从小到大我们常常被灌输：

“男人应该负责赚钱养家。”

“女人不应该有野心。”

“女生应该矜持。”

“遇到这点事不应该哭。”

“做人不应该自私。”

“犯错就应该打，这样才能让他长记性。”

“他应该理解我”“我应该得到的”“不应该这样的”……“应该”是所有烦恼的来源。

“应该”的烦恼分三类，对他人、对自己、对世界。

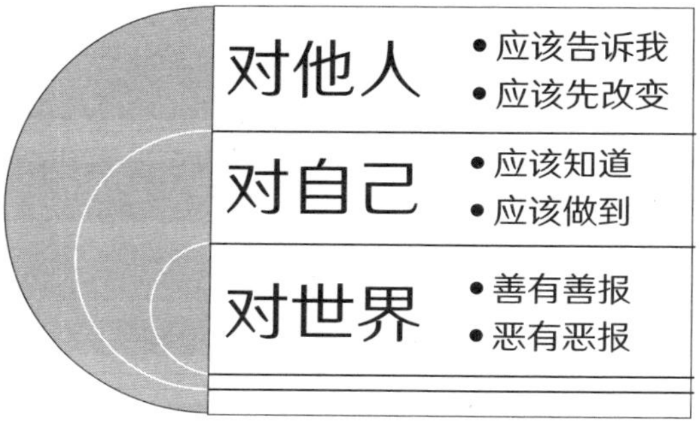

第一种应该，用自己的“应该”要求他人，“既然我期待别人这样，那别人就应该这样”。孩子“应该”懂事儿了，“应该”认真学习了。

当孩子不听话、不认真学习时，我们很容易生气。在潜意识中，“孩子应该听话”的理想落空，一味沉浸在头脑的“应该”里，只能看到自己脑海中的痛苦、情绪的崩溃，却看不到孩子不听话、不学习的现实原因。每一个“向外的应该”都不自觉地构成了对他人的敌意。

第二种应该，用别人的“应该”要求自己，“既然别人觉得应该这样，那我就应该这样”。女生“应该”矜持，那我就不“应该”坦白我的需求，这样太不矜持了。女人“应该”顾家，别人都希望女人顾家，那我“应该”把重心放家里，当妈后“应该”做一份稳定的工作，并在工作上得过且过，不用太拼。别人希望母爱无私，我就“应该”把照顾孩子放在自己前，不能满足自己的需求。别人都说孩子“应该”打，我也不能惯着孩子，该打就打。每一个“向内的应该”都是对自我的一次攻击，在“应该”的轰炸下，我们都活成了别人。

第三种应该，是对世界的，对他人的应该和对自己的应该组成对世界的应该。生活不应该这样，孩子不应该这样，婚姻不应该这样。世界变成了"应该"和"不应该"的黑白世界，不是应该的白，就是不应该的黑，除了黑白没有任何其他颜色。"应该"堆起来后的情绪，变成了心里的刺，阻断了机会，冰冻了世界。

创业后的我，最苦恼的就是"应该"：作为妈妈，我应该陪孩子，不应该在事业上有太大野心；作为创业者，我应该像男人一样，专心做业务，不受家庭干扰，不应该没有野心。业界颇有名气的投资人都会在公开场合毫不避讳地宣告："坚决不投女创业者。"

2019年，我受清华大学巾帼项目的推选，代表中国创业女性参加了世界达沃斯经济论坛，结识了"我就是代码"的创始人玛丽梅·贾姆（Mariéme Jamme）。1974年出生在塞内加尔农村的她，从小就被母亲抛弃，童年在多个寄养家庭和孤儿院勉强生存下来。11岁那年，她被人强奸，身边没有亲人为她伸张正义，她只想逃离这个可怕的地方。当她拿到人生中第一本护照准备离开塞内加尔农村到国外开始新生活，谁能料到她却开始了更悲惨的生活。13岁的她被人贩子卖到法国，对一个女孩最残酷的折磨莫过于沦落到风月场所，成了一名雏妓。没有人能想象到作为少女被迫从事这样谋生的职业，她的身体和心理遭遇了多少摧残和折磨，更让人崩溃的是一眼望不到头的绝望。作为雏妓，该如何面对未来的生活，按照世俗的"应该"，她的一生从成为雏妓的那一刻就毁了。没有人会相信若干年之后，她会成为一名影响世界的企业家，世界达沃斯论坛授予的青年领袖，被BBC评为"影响全球百名优秀女性"。

她15岁时被警方从妓院中解救，获救后的她终于有机会在白纸上写下第一个英文字母。她说："虽然生命中已经有15年黯淡，生活就从15岁开始。"没有读过一天书的她从一个字母一个字母学起，去图书馆一本书一本书地看。作为文盲，她下决心学会编程，不仅要养活自己，还要帮助别人，周围的人都不相信这样一个曾经为雏妓的黑人女性可以成为令人尊敬的 IT 工程师。她半工半读，多少个晚上挑灯夜读，一路自学学会 Java。没有人知道她为了掌握 7 种编程语言付出了多少代价，她把所有的苦难化成了她发起的“教贫困女性编程”项目，帮助曾经像她一样没有机会接受教育的女性学习编程，能够养活自己和孩子，让她们像她一样有改变命运的机会。她说:“我出身卑微，但无法阻止我。代码改变了我的命，也可以改变更多女性的命，只要下定决心，永不放弃，女性可以做任何想做的事。”

当黑人、女性、雏妓这一重重“应该”叠加，她有理由对这个世界充满恶意，她更有理由当一个应该被动接受命运的受害者。但她没有，她没有被雏妓困住一生，她也没有在顾影自怜中放弃自己的人生价值，她选择了一条自己决定怎么做的新征途。

像 Mariéme Jamme 一样，不管过去发生什么，未来 5 年，你想成为什么样的人呢?

在家长课上，我总会问参与者这个问题——“你的决定是什么？”不管她现在身处什么样的挑战中，只要被问到“决定”，再混乱的思绪也会在一阵沉默后找到下一步行动的方向。“我决定给孩子一个拥抱”“我决定带着我的爱人一起看您这本书”“我决定给我的妈妈写一封感谢信”。和“应不应该”相比，在“决定”里总能找到出路。

区分责任，是最大的事

你是否也符合下列情况？

“不”字总是说不出口。

有人对自己动手动脚，不知道怎么办。

离家在外，觉得对不起爸妈。

不好意思请求别人帮助。

从前的我，说什么话之前都习惯加上三个字——“对不起”。在我离家上大学前，我给妈妈留下了很多封检讨书，记不清检讨书的具体内容，但我想表达的至今都清晰，为离开她去北京上大学，我很抱歉。

我产后腰疼，去了家附近的中医诊所推拿，当推拿师按压腰部时用他的下体碰我，我首先怀疑自己是不是误会了。等我反应过来，推拿已经结束了，留下一个不知道怎么在公众场合开口说这件事而慌乱的我。

“不辜负别人的期望”，不知从什么时候起成了女性的美德，女生习惯了察言观色，尽量满足他人的期待，女孩要乖、懂事，要顺从权威、适应环境、别惹麻烦。总之，明明是对方侵犯在先，我们却在怀疑是不是自己哪里有问题。害怕拒绝别人，把“拒绝别人”等同于“伤害别人”，而选择“自我伤害”。

1982年生的金智英，在丈夫面前，是无条件支持他的贤妻；在女儿面前，是隐藏起脆弱、无坚不摧的母亲；在婆婆面前，是不管多累都要打起精神孝顺的儿媳，真正的金智英究竟在哪呢？

长久的压抑后，金智英患上了精神分裂症，就好像别人“附体”在她身上，代她发声。她生病后去看心理医生，她的那些平静下从未停止的挣扎与呐喊才得以被人窥探到。

金智英上小学时，她的男同桌经常藏她的文具、撞她的肩膀、故意大声嘲笑她的穿着，好不容易熬到被老师发现，当她哭着要求换座位时，老师却说：“智英啊，难道你没看出来吗？他欺负你是因为喜欢你啊。男孩子都是这样的，越是喜欢的女生就越会欺负她。”所谓的欺负被轻描淡写成“喜欢你”的“恩赐”，怪不得那么多校园欺凌都会美化成对方喜欢的出格行为。

“我女儿就读这附近的大学，她不敢自己一个人回家。抱歉啦，各位！我要先离开了！金智英小姐，这杯记得喝完噢！”男领导马上要离开酒局去接自己晚归的女儿时，却仍然强拉着坐在身边的金智英灌酒，自己记得去接女儿，而把别人的女儿放在如此危险的酒局上，看不出丝毫的不安。

“等孩子大一点的时候，我们再偶尔请保姆帮忙照顾一下，或者送去幼儿园，然后你就可以读你想读的书，或者找其他工作，趁这个机会或许还能转行做点别的事，我会帮你的，放心。”金智英的丈夫贴心地安慰她。

“可以不要再说帮我了吗？帮我做家事、帮我带小孩、帮我找工作，这难道不是你的家、你的事、你的孩子吗？”金智英爆发了。

更让她崩溃的是，她带着孩子去买了杯咖啡，碰到从办公室出来抽烟的白领窃窃私语：“我也好想用先生赚来的钱买咖啡喝、整天到处去闲逛，全职妈妈还真好命。”全职妈妈真的好命吗？金智英反复问自己，金智英的病会好转吗？直到结尾，《82年生的金智英》作者赵南柱也没有给出确定的答案，因为她写的是她自己的真实经历，更是千千万万女性的真实生活。

“对不起，生而为人，我很抱歉，没有带好孩子，也没有做好妻子，更没有做好儿媳。身材不好，管不好孩子，自己在家只花钱不赚钱，睡不着就苛责自己‘我怎么可能累呢？我一天什么都没做啊’！”

面对这样苛责自己的女性，你会对她们说什么？

家庭治疗师萨提亚定义了人的三次出生：第一次出生是受精卵形成了生命；第二次出生是婴儿呱呱坠地来到了这个世界；第三次出生是人开始为自己负起责任。第三次出生意味着，我只负责做我的事，你负责做你的事，并非因我是女性，我就要为全部的事负责。

“一切关系的矛盾源于对别人的课题妄加干涉或者自己的课题被别人妄加干涉。”这是阿德勒说的课题分离。把自己和别人的“人生课题”分开，人际关系边界才会清晰，谁需要承担结果，就是谁的课题。捍卫自我领地不被以爱的名义的对错吞没，同样不以爱的名义入侵别人的领地徒增烦恼。

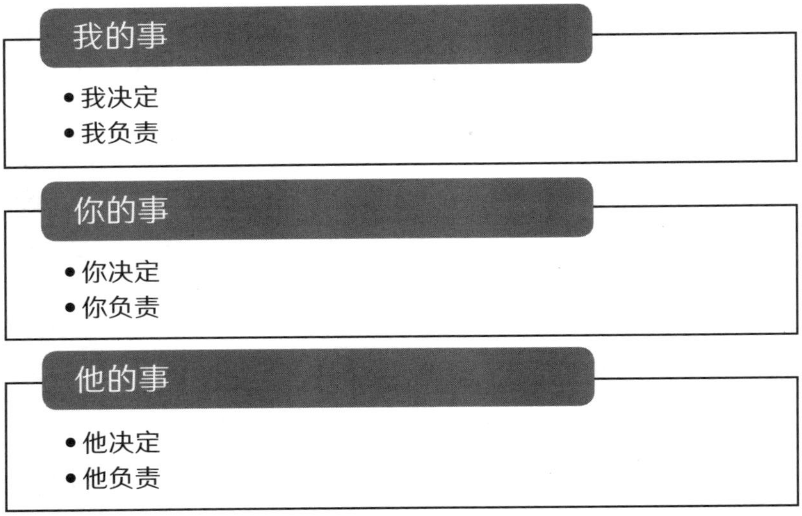

人的鄙视链都是在干扰别人的课题，而不愿意承担自己的课题。别人如何评价你，是别人的课题，受不受别人影响是自己的课题。俄罗斯作家尤里·邦达列夫说：“人类一切痛苦的根源，都源于缺乏课题分离。”解决世上一切困难的万能法门：别人的事可以划入“关我啥事？”，不去掺和就可以全部解决；自己的事可以划进“关你啥事？”，不去在意别人掺和就可以彻底处理。

面对那些曾经认为“欺负你就是喜欢你”的人、那些曾经自大地把手放在你背后对你指手画脚的人、那些因为你是女性就逼着你喝酒的人、那些理所当然地让你一个人带孩子而放弃工作的人，你可以选择自己的课题——自己要怎么做。

如果有穿越到过去的机会，你会对那个沉默不发声的自己说些什么？让她勇敢地去反抗，维护自己的边界和权益？

课题分离，是女性的第三次出生。分清谁的事，是人生最大的事。

请思考一直困扰你的三个问题，找出自己的课题，把不属于自己的事分离出来。

例一：我总是说不出口“不”字。说不说是我的课题，被我拒绝的人如何面对“不”是他的课题，我无法替代对方面对他生命的课题，至于拒绝他之后他怎么想，这是他的课题。当我说不出来，还要在心里抱怨他时，放着自己的课题不做，还要站在道德高地操心别人的课题。

例二：有人对我动手动脚，不知道怎么办。他的侵犯是他要负责的课题，和我穿多少衣服，有没有让他误会没有关系，这不是我被侵犯的理由。认为受害者都有罪，要求受害者承担所有的责任，漠视侵害者要负责的课题就是赤裸裸的道德绑架。教受害者自重的同时，也要教侵犯者自控。

例三：离家在外，觉得对不起爸妈。“孩子离家后父母会孤单，但不能把自己即将面对的孤独变成孩子无法离家求学的理由。”不需要为离家在外而对父母感到抱歉。孩子负责离家的课题，父母负责如何面对孩子离家后的孤独的课题，谁都无法替代谁承担对方的课题。

例四：不好意思请求别人帮助。“我说不说”是我的课题，“别人帮不帮、什么时候帮”是他的课题。当“请你帮助”这 4 个字说出口，完成了自己的课题，就没有遗憾了。“帮不帮”不代表“喜不喜欢你”，别人的行为是别人的课题，不属于你。没有完成自己的课题，整天操心别人的课题，抱怨自己孤单无助，课题无法分离。

想一想

请列出最困扰你自己的3个问题，找出属于自己的课题，把不属于自己的事分离出来。

1. ______________________________

2. ______________________________

3. ______________________________

完成最困扰自己的3个问题，尝试问问孩子最困扰他们的3个问题，用帮助自己的方法帮助孩子找出属于自己的课题，把不属于自己的事分离出来。

1. ______________________________

2. ______________________________

3. ______________________________

受伤害不是你的错

一夜之间，张小夏失去了自己的名字。原本她是应邀参加妹妹和朋友的派对的，再次醒来后，却发现自己躺在医院里，她急忙问自己怎么了，她就这样得知了自己被侵犯的事实。

接下来的流程就像一个罪犯被反复问询细节，她的身体各处被拍照，做了一道又一道化验，被冠名“性侵受害者”纳入档案。在之前，她是一个普通的华裔女孩，在创业公司上班，毕业于加州大学圣塔芭芭拉分校，有爱她的父母、妹妹和男友。她的母亲是中国人，因为她出生在夏天，又因为中国第一个朝代是夏朝，给她取名张小夏。在她为自己构建的未来里，没有“性侵受害者”这 5 个字。

她从医院恍恍惚惚回到家，没过多久，看到自己化名为“埃米莉”出现在新闻报道里，她在一个垃圾箱后面的空地上昏迷后被人侵犯，自己受伤的身体被打上马赛克在网上任人评论。她第一次知道侵犯者的名字，他叫布罗克·特纳，一名斯坦福大学的学生，是曾参加过奥运会预选赛的游泳冠军。

她被特纳侵犯一次，却被网络评论侵犯无数次，“主动勾引前途无量的运动新星”“在派对上喝醉酒的女孩本来就动机不纯”“一定是她的着装暴露有诱惑性才让他看上她的”，所谓的性侵是一场“双方自愿的行为”。在铺天盖地的声音里没人关心她，没人关心她的背景、她的兴趣爱好、她的感受。她很愤怒，但又不知道怎么和这些声音抗衡。她没有名字，只有一个“受害者”的标签和“受害者一定有罪”这个残酷的说明。

她猛然发现，她的身份在瞬间变成一个丧失了意识的被侵犯的女人，她被永远打上烙印。“我恨她，我不想要这些，不想要她的赤裸，她的痛苦。那是埃米莉，那一切都是埃米莉的”，她多么希望把一切撇出去，能让自己好过一些。

接下来发生的一切更让她震惊，在犯罪嫌疑人被当场拘捕，有明确的目击证人以及完整的受害报告这些证据面前，虽然陪审团认定针对特纳的 3 项性侵指控均成立，最高可判 14 年监禁，但最终法官珀斯基仅判处他 6 个月有期徒刑，并且减刑为 3 个月。更令人悲愤的是，这一切，是用长达 4 年的庭审换来的。在这 4 年里，她无数次被对方律师在大庭广众之下不断暗示她在被侵犯的过程中获得了快乐，一次次面对那个她不愿意再面对的夜晚，更别提伴随 4 年的网络暴力。

想一想

为什么有些人认为“受害者一定有罪”？

你认为当一个女孩被一个男孩侵犯，谁需要负责？（ ）

A. 女孩

B. 男孩

C. 很难判断

如果这个女孩是你的朋友，你会建议她怎么做？（ ）

A. 息事宁人

B. 维护公正，坚决报警

C. 用金钱赔偿，私下解决

回到这个故事，4 年中无数次想放弃的张小夏终于第一次以真名在网上发表了作为性侵受害者的陈述，成为历史上首次在美国国会众议院上被全文宣读的陈述。时任美国副总统发表致埃米莉的公开信，强烈谴责美国文化中对性侵受害者的严重不公。越来越多的人支持她，特纳终生被判定为性侵罪犯，美国泳协对其终身禁赛。而法官珀斯基成为加州历史上首位被罢免的法官。在本案的影响下，加州通过两项严惩性侵罪犯的新法案。

她把所有的心路历程写进了《知晓我姓名》一书，她在书中这样说：“没有人能把这一切从你身上夺走。你并不孤单，这不是你的错。你不能因为别人犯错，而错过自己一生。”2019 年，张小夏因出版《知晓我姓名》被《时代》杂志评为“未来百大影响力人物，改变美国立法的华裔女孩”。

你经历过最大的一次舆论压力是哪一件事？在那段时间，你又是如何应对外在的压力和误解的呢？

温尼科特大卫·伊格曼在《生命的清单》中定义了人生中的3次死亡。第一次，身体的呼吸、心跳停止；第二次，亲朋好友在葬礼上的告别，宣告社会关系结束；第三次，永远被后人遗忘。我们无法控制第一次和第二次死亡的来临，但第三次死亡的决定权在我们手里。

不管你受过多大的伤害，心里认为犯过多大的错，都没有必要让自己的一生沉默地化作一个数字。每个人在世界上都值得被记住名字，不管有多平凡，只要我们自己不选择放弃。

百年后，你希望别人如何记住你呢？

我希望百年后，不是因为取得了多大的成就，而是因为勇敢追随自己的内心活过一生而被别人记住。希望自己在这一生，成为一个正能量的家庭教育传播者、一个用一支笔为中国家庭教育做点贡献的作者、一个为儿童事业奋斗的实践者。

想一想

请闭上眼睛，花一分钟播放你最喜欢的音乐。想一想，如果有一天你不在了，你希望这个世界如何记住你？

如果有一天我成为全职妈妈，不是为了别人，是为了我自己；如果有一天我成为职场妈妈，不是为了别人，是为了我自己；如果有一天我成为创业妈妈，不是为了别人，是为了我自己。我做的所有选择都是“为了我”，那么还有谁可以惩罚你、能够惩罚你、敢惩罚你？

第四章

你相信的，才是命运

和“我不配”告别

下列念头是否经常困扰你？

我真的有那么好吗？

好事怎么可能发生在我头上？

我不值得你对我好。

我配不上你。

我受之有愧。

回想童年，你觉得这些话分别来自哪个场景？

当一个人强烈地感受到“我不配”，就像担心自己是个“冒牌货”，随时都可能被他人看穿，这种心理被称为冒名顶替综合征。它第一次出现在 1978 年，在保琳·克朗斯和苏珊娜·艾米斯发表的名为《成功女性中的冒名顶替者现象：动力与治疗干预》的论文中，他们历时 5 年采访 150 名优秀的女性，包括受人尊敬的教授、令人艳羡的超级学霸、多个博士学位获得者等多位成功女性。她们不认可这些所谓的“成功”，甚至认为是招生委员会犯了错误，自己才被录取，认为考试得高分只是因为教授的偏心，认为自己根本不配胜任教授的职位。冒名顶替的感受强烈，总是将取得的成功归结于外部，别人夸大了自己的能力，害怕别人发现自己的欺骗行为。

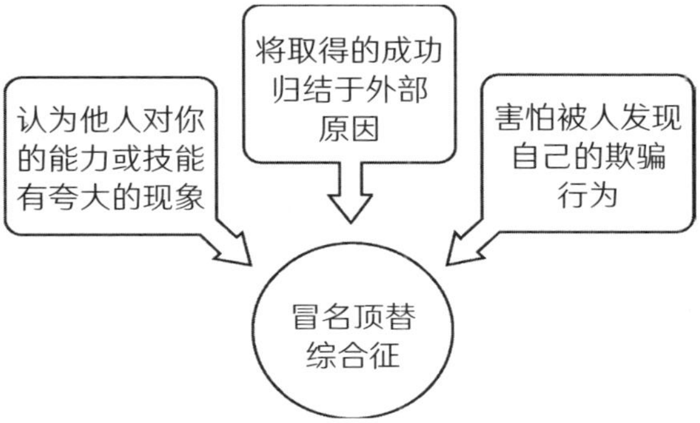

美国最具传奇色彩的黑人女作家、诗人、剧作家、歌手、演员、导演玛雅·安吉罗，出版了6本自传、5本散文、数部诗集，拥有超过30个荣誉博士学位。在我们看来如此优秀的女性，在提及自己所获得的成就时，居然也认为自己不配。

到底发生了什么，让她觉得不配？

1928年4月4日，玛雅·安吉罗出生在美国，童年的她生活在种族隔离严重的阿肯色州的斯坦普斯市。8岁的她被母亲的男友强奸，她鼓起勇气和家人说了她的遭遇，没有等来司法的公正判决，却等来另一个让她震惊的消息：她的舅舅为了给她报仇，杀了伤害她的人，但也因此付出了生命的代价。那一刻，她觉得自己肮脏有罪，整整5年没有开口说过一句话。

在她小小的心灵中，她觉得自己只要一开口，就会杀死别人。她16岁时搬回旧金山，成了一名公交车司机。17岁的她成了单身母亲，为了养活自己和儿子，她不得已开始在脱衣舞俱乐部表演。她做过能做的所有工作，但是都没有让她的状态好起来。她带着孩子到非洲去生活，一直颠沛流离。她回美国后想追随马丁·路德·金实现种族平等，但在马丁·路德·金被刺杀之后一蹶不振。直到她的好朋友美国作家詹姆斯·鲍德温鼓励她写出自己的故事，玛雅·安吉罗第一次拿起了笔，把曾经的所有不堪揉碎，一点一点展平。凝视过去的那些苦难，她终于看见了那个一直说“我不配”的自己，她看到自己在和它告别。

根据她的真实经历改编的小说《我知道笼中的鸟儿为何歌唱》问世后，获得了千万人的认可并与之产生共鸣，“我可以因发生在我身上的事情而改变，但是我拒绝因此堕落”。她是这么说的，更是这么做的。

想一想

当你下次升起“我不配”的念头时，你打算和自己说些什么？请提前写下来，拍照存在手机里，等下次有“我不配”的念头时，第一时间看看它。

5年前我的第一本书出版，经常有读者给我留言，“看了你的书，我的人生改变了”，“听你的课好久，对我们全家帮助都很大”。当我听到这些赞美时，对被认可感到开心之后，我的心里闪过一丝不安：说的真的是我吗？有没有可能他们说的那个人不是我，我在冒名接受这份赞誉？

受之有愧。

恍惚间，我分不清究竟坐在医院拥挤的走廊里等着医生叫号的那个我是真实的我，还是拿着中国家庭教育学会和中国出版协会授予的“家庭教育指导读物作者”荣誉证书的我是真实的我。

尽管我知道出书和儿子生病这二者没有医学关系，但我依旧夹着尾巴、谨小慎微地藏起所有的“好”，我不希望我的“好”影响到孩子。过了很久，儿子没有好起来，“我不要我的那些好，你可不可以把健康的儿子还给我？”我喊了很久，旷日孤独的梦里没有人回答。我就算把自己贬低到尘埃里，也换不回来什么。

因为孩子生病了，我不配拥有世间美好的东西，那些荣誉、光环、成就和烟火气的生活，“我都不配”，我想和所有的美好绝缘，期望这样可以换回儿子的命。我把自己绑在“我不配”这 3 个大字上，以为就能看见希望，但比不被爱更可怕的，是认为自己不配被爱。

如果我不配的是一碗红烧肉，失去一碗红烧肉不会让我的人生留有遗憾，但如果我不配的是拥有并肩作战的人生伴侣，不配有那么爱我的小米、小来和值得奋斗一生的家庭教育事业，那我这辈子该有多大的人生遗憾！

“你看别的老公都给太太买花，你是不是不爱我？”“连结婚纪念日都能忘，一定不爱我！”“孩子不补课哪行？怎么能跟得上？”“都是孩子害我放弃了工作，回家当全职妈妈！”……因为“我不配”，所以拼命“抓”，抓老公的一言一行，抓孩子的一颦一笑，抓外在所有的蛛丝马迹，都是为了向全世界证明：你看，我真的不配被爱。看起来在抱怨别人，其实潜意识是在狠狠地讨厌自己。

明明对方很欣赏你，当对方还没来得及表达时，自己内心提前上演苦情大戏，寻找对方不认可的蛛丝马迹；明明很受领导的赏识，当领导推选你升迁时，你脑海中提前判断自己一定会搞砸工作，在大好的机会面前，主动选择放弃。

马克·吐温说：“我所经历的大多数痛苦，实际上都是来自我的想象，他们并没有真实地发生。”痛苦是潜意识在演戏，潜意识怎么想，痛苦就怎么演。“我不配”的潜意识，总是主宰着痛苦的生活。

因为“我不配”，所以不敢直接说自己爱吃什么菜，总是在点餐的时候说上一句“随便”；因为“我不配”，所以在向前一步争取升职加薪时，选择了退缩在悄悄嫉妒别人的角落；因为“我不配”，所以总是相信会有一个人从天而降地给我幸福，而不是自己创造幸福；因为“我不配”，所以从来不相信自己可以既拥有事业，又可以拥有家庭，总是要在事业和家庭中残忍地牺牲一个。

一辈子都在拼命外求，唯独没有想过自己有什么，如果不是儿子生这一场大病，我估计我会永远活在别人要给我什么的幻想里。得不到，是因为不相信，不是不相信别人，是不相信自己。

现在我相信我足够好，否则上天不会派孩子们来到我身边。我不会放弃自己，更不会放弃他们，这和我的职业、荣誉无关，不是用名气去换健康，不是用尊严去换苟活，只是在“我不配”的挣扎里，要相信自己，哪怕一次。

第一次相信自己时，我凭着母亲的直觉带着儿子从北京搬来海南；第二次相信自己时，我不放过每一个有治疗机会的可能，于是碰到了有信心治好儿子的慈悲大夫；第三次相信自己时，我相信在照顾生病的儿子的同时也能给女儿同样的母爱，不用非得牺牲陪伴女儿的时间才能证明自己对儿子的爱；第四次相信自己时，我相信即使更换了工作地点，我也可以继续从事我热爱的家庭教育事业；第五次相信自己时，我相信可以在照顾好病危父亲和病重儿子的同时依旧做一个对社会有用的人。

“我不配”只是我渴望又得不到的借口，一次相信自己换来的是下一次相信自己的“我值得”。

我值得爱人和孩子们的奔赴和爱！

我值得事业战友的爱戴和忠诚！

我值得拥有事业和家庭的双重成就和幸福！

我值得在这个世界上被认真对待！

我值得被人看见和爱着！

我值得这一世的美好和善待！

想一想

现在，你有哪些新的决定？（　）

A. 当别人夸你时，把第一反应“没有没有”换成“谢谢”。

B. 当发生矛盾，把第一反应“对不起”换成“我的感受”。

C. 当好事发生时，把第一反应“怎么可能”换成“我值得”。

D. 当有人爱你时，把第一反应“搞错了吧”换成“我值得被爱”。

当遇到人生中过不去的坎儿，要告诉自己“我值得”。不是因为相信才看见，而是因为看见才相信。

想一想

如果让孩子从小油然而生“我值得”的信念，你能想到哪些对孩子说的话、做的事让他感受到“我值得”呢？

对孩子说的话	对孩子做的事

女性永远有选择权

丈夫工资每月 1 万元，妻子工资每月 5000 元，生孩子后，双方 4 个老人都无法帮忙照看，如果请月嫂照顾孩子要每月 5000 元，妻子应不应该放弃工作，回家带孩子？

“外人哪里比得上亲妈给的爱和照顾？这还用问吗？当然是妻子回家带孩子！”

“孩子这么小，你舍得扔下孩子去上班吗？这心得多狠！啧啧啧！”

“错过孩子最关键的这几年，以后孩子跟你就不亲了，到时候你后悔都来不及。”

“工作什么时候不能做，错过孩子的成长就再也没办法弥补喽。”

如果丈夫和妻子薪水对调，答案会有什么不同？

妻子每月工资 1 万元，丈夫每月工资 5000 元，生孩子后，双方 4 个老人都无法帮忙照看，另请月嫂照顾孩子每月要 5000 元，丈夫应不应该放弃工作，回家带孩子？

“一个大男人怎么能看孩子呢？要看，也会被人笑掉大牙！”

“女人呀，什么时候不能赚钱？为了钱耽误教育孩子得不偿失。”

“男人在家带孩子你能放心吗？”

“男人赚得再少也需要尊严，你这样多伤他面子。”

你会让丈夫辞职回家带孩子吗？先别急，再来看下一道题。

想一想

作为领导的你，要给能力相当的两个人升职，但两人都坦言会考虑生孩子，你会选（　）

A. 还没有孩子的 35 岁已婚女

B. 还没有孩子的 35 岁已婚男

已婚女 35 岁，这不眼瞅就要怀孕生娃，两三年内能有啥大作为？搞不好还有可能长期休假，而已婚男要是成了爸爸，还不得拼命工作赚奶粉钱，哪敢轻易辞职？多少人不假思索就选择了 B。不光领导这么想，连身边的女同胞也会这样劝女人不要“自找苦吃”。

社会学上有两个相对的专业词汇来形容上述现象，“母职惩罚”和“父职奖励”。《未完成的事业：女性、男性、工作、家庭》的作者安妮-玛丽·斯劳特这样写道，母职惩罚是不容易被觉察的偏见，是对所有女性进行的“有罪推定”，即有了孩子的女性一定会耽误她的工作，且她成为母亲的投入一定会影响她未来工作的表现。相较而言，父职奖励是对所有男性进行“无罪推定”，即有了孩子的男性一定会促进他的工作，甚至他成为父亲的投入有可能还会提升他未来的工作表现。

有多少女性为了争取更好的工作机会，不得不保证："领导您放心，我工作前N年保证不生孩子。"本属于个人隐私的婚育计划成了录取、晋升时必须检验是否忠心的一个必问问题。而多少男性在成为爸爸后一边更容易争取到更好的工作机会，一边心疼地劝自己的妻子做全职妈妈，"你放心，我养你"。不只工作，在家庭中，如果涉及孩子，更多的是要求妈妈为孩子牺牲，暂停工作，放弃升职。法国作家马塞尔·埃梅说："社会偏见长得如此硕壮，是因为它的受害者也把它看作理所当然。"

阿德里安·里奇在《女人所生》一书中提到，一个母亲必须完全放弃自己的职业目标，才能给小孩"无条件"的爱，才能合乎社会对好母亲的期待。因此，她们不得不在他人的评判及自己的罪恶感中挣扎，当女人等同母亲时，女性的职业价值被抹杀掉了。社会期待女性角色是关爱他人，当她开始为自己争取利益时，违背了默认的性别规范，认定为自私，需要惩罚。

忙着惩罚母亲，会对孩子造成什么样的影响呢？

身边有位爸爸，谈及对15岁女儿的教育，"我对她要求不高，未来嫁得出去就行"，父亲对女儿的教育与她的婚姻唯一相关。正值青春期的女儿斩钉截铁地回怼爸爸："长大了我才不要结婚，像妈妈一样成为全职妈妈，做不了自己喜欢的工作。"

恐婚恐育和产后抑郁成了跷跷板的两端，越恐惧越抑郁，越抑郁越恐惧，女人害怕自己存在的唯一意义是生孩子。

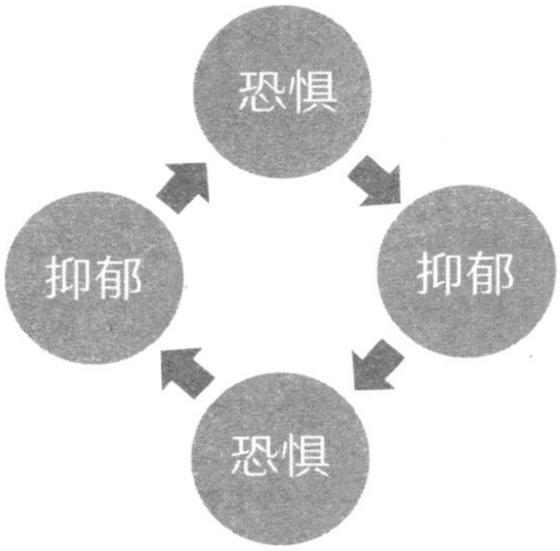

想一想

1958年，美国心理学家约瑟夫·布雷迪让甲、乙两只猴子坐在被约束的椅子上，每隔20秒通一次电，其中甲猴子能自己按压机关断电而避免电击，乙猴子则不能。你认为最终（　）

A. 甲猴子生病

B. 乙猴子生病

C. 甲、乙猴子都生病

D. 甲、乙猴子都没生病

答案是A。

既然两只猴子一样被电击，为什么一只生病，另一只却没事?

当猴子被固定在椅子上的那一刻，谁也想不到后面会发生什么。第一次电击来临，它们忍不住同时尖叫起来。惊魂未定，电击再次袭来，每隔20秒遭受一次电击，让它们本能地寻找方法自救。猴子甲很快发现自己的椅子上有一个机关，只要自己按压机关就能阻止同为一组的猴子甲和猴子乙被电击。

于是，猴子甲紧张着预估下次电击是什么时候，不论怎样要赶在下次电击来临之前按压机关阻止电击，有时候能成功，大多数都会失败。越害怕失败，越失败，时间一分一秒地过去，结果在同等的电击下，担惊受怕的猴子甲得了胃溃疡，而坐在它旁边的猴子乙则无大碍。

女性多像得了胃溃疡的猴子甲，多么羡慕身旁那只猴子乙，不用负责按压那个机关来折磨自己，可以健康地活下来。

貌似有一把看不见的枷锁套在妈妈的脖子上，让我们动弹不得。妈妈这个身份带来的好像都是束缚。但是谁允许那把枷锁套在我们脖子上，让我们任人宰割，然后抱怨对方的宰割？是自己！

解开枷锁的选择权在我手上。如果有一天我成为全职妈妈，不是为了别人，是为了我自己；如果有一天我成为职场妈妈，不是为了别人，是为了我自己；如果有一天我成为创业妈妈，不是为了别人，是为了我自己。我做的所有选择都是“为了我”，那么还有谁可以惩罚你、能够惩罚你、敢惩罚你？

为了别人	为了自己
我为了孩子才辞职的	我为了自己有更好的职业发展才辞职的
我为了孩子才创办幼儿园的	我为了自己的教育理想才创办幼儿园的
我为了孩子才做全职妈妈的	我为了能享受和孩子在一起的时光而成为全职妈妈的
我为了孩子才学习心理学的	我为了自己热爱的兴趣才学习心理学的

把所有的“为了你”换成“为了我”，你的感觉好些了吗？外在的限制都是内在的自己给自己画的牢房，是自己不肯出去。让我们迈出第一步，闭上眼睛想一想，你想做出什么改变？

你的信念才决定了你的命运

请挑选符合自己的放在圆内，不符合自己的放在圆外。

A. 笨

B. 聪明

C. 幸运

D. 不幸

E. 命好

F. 命不好

“我太笨，一考试怎么连这么简单的题都出错。”

“太不幸了，总碰到渣男。”

“命不好，让我摊上这么难搞的孩子。”

人生好像被下了“魔咒”，怎么倒霉的事都发生在我身上？为什么别人顺风顺水、心想事成？

不是意识的区别造就了不同，而是潜意识左右了人生。但当潜意识被意识到，命运就能被改写，心理学家荣格这样说。

1979年，艾伦·朗格教授在匹兹堡的修道院里精心搭建了一条穿越回到20年前的“时空隧道”，她邀请了16位年龄都在70岁以上的老人来时空隧道体验20年前的生活。在实验的最开始，这些老人都是被家人搀扶进来的，老态龙钟、死气沉沉，他们被分为甲、乙两组，被邀请在这里生活一星期。

16位老人就这样生活在20年前的“1959年”，听1959年的音乐，看1959年的电影，读1959年的报纸和杂志，老人们在一起聊卡斯特罗在古巴的军事行动，聊美国第一次发射人造卫星。在这一周里，没有护工或保姆帮他们穿衣服、扶他们走路、收拾碗筷，用尽可能多的细节还原20年前的生活。

不同的是，甲组老人被要求把自己当成年轻20岁的人来看待，而未对乙组提此要求。一个星期后，出乎意料的是，两组老人的身体素质都得到了明显的改善。尤其让人惊讶的是，甲组的老人进步更加惊人，他们在智力和体力测试中得分比乙组显著更高，甚至有几位老人重新拾起了打橄榄球的运动习惯。

到底发生了什么？没有用药和治疗，就让老人们发生如此大的变化？

艾伦·朗格教授通过这个时空隧道的研究发现，一个人衰老的速度与环境的暗示有关。物由心转，境由心生。“老年人的虚弱、无助、多病，常常是心理上习得性无助，而不是必然的生理过程。”她把研究结果用在自己身上，热爱网球的她，因为摔断了脚踝，被医生勒令再也不能打网球，但69岁的她仍然每周坚持打网球。她成为第一位在哈佛大学心理学系获得教授席位的女性、著名心理学家、古根汉艺术基金奖获得者、美国心理学会公共心理学杰出贡献奖获得者。

艾伦·朗格教授的研究遭到了很多质疑，她平静地回应这些质疑，因为她研究的是“可能是什么”而非“是什么”。她30年如一日地研究与实践“可能性心理学”，不是只关注群体的概率，而是寻找个体的可能性。就像任何一种疾病，一旦落到一个人身上，不是用冰冷的存活率压倒一切，而是在夹缝中找到一条可能的出路。

16岁的我中考考入了全省最好的高中，所谓最好，是集合了全省绝大多数的状元。而入学第一次模考，我的成绩就像我的牙套一样，见不得人，课外没少补课，越补越没有起色，反倒越觉得自己笨。直到高三，我们班换了一位新班主任，她的名字叫吴霞，她看起来根本不像老师，像个学生一样总冲我们笑。

高三第一次模拟考试即将来临，在其他班磨刀霍霍试比高的关键时刻，这位老师的做法让我们大跌眼镜。她课间要求我们必须去操场运动，还需要在预备铃响起的时候以百米冲刺的速度回到教室，谁晚了就要留下来打扫卫生。

更神秘的是，她在大考临放假前神神秘秘把每位同学依次叫到讲台前，跟每个人说了一会儿悄悄话。轮到我的时候，我紧张得要命，今天的我绝对想不到，那是一个改变我人生的重要时刻。

她对我说："你知道吗？你可以考前三！"

我说："老师，不可能，你看，我上次考了28名，从我上高中，我就没有考过全班前十。"

她好像没听到我的回应一样，继续说："你可以考前三！"

我一愣，继续辩驳："老师，这真的不可能，我是中等生，怎么可能考前三？"

她非常认真地看着我的眼睛说："老师相信你能考前三！"

看着她的眼睛，我看到了眼眸里我的样子，我回座位的每一步都像着了魔一样。"前三，前三，前三"的念头一直盘旋在脑海中，我回到家后竟然鬼使神差地把"3"写到了白纸上，贴到了最醒目的墙上。

放假一周归来的高三第一次模考，猜猜我有没有考到全班前三？

我竟然真的考进了前三，全班第二名，全年级第八名，史无前例。若干年后我攻读心理学博士时，我才得知恩师对我用了"策略催眠"，她把"考前三"这个信念植入我的心里，我相信了这个信念，相信了这个故事，相信了这个命运。

"我不知道你会想出什么解决办法，但我会在这里等你。"恩师没有给我补课，却让我确信"我可以"这个信念！自此之后，我把网名改为"兔丫丫能邢"，谐音为"能行"。"能行"成了我的命运。

我大学毕业后，靠着哲学专业本科毕业证和蹩脚的英语跨国就业，去了全球最早一批做SAAS的创业公司做客户培训。回国后想做教育，一点教育经验没有的我从无到有创办了自己的公司，获得了全球仅有20位女性获得的创业奖；新冠疫情影响了线下业务后，没有短视频直播经验的我让账号的粉丝从 0 涨到了 200 万；被多少出版人否定文笔的我，5 年出版了 10 本书。

因为相信，所以一定可以。相信自己是个好妈妈，自己一定是好妈妈；相信自己可以创业，自己一定能创业；相信自己的孩子，自己的孩子一定可以。

想一想

你准备植入哪些信念，改写哪些命运？

老信念	新信念	改写命运
我太笨，一考试怎么连这么简单的题都做错	我很聪明，每次考试做错的题我瞬间都能改对	考试错的题越来越少，成绩越来越好
太不幸了，总碰到渣男	我很幸运，经历这么多次失败的恋爱，一定可以找到好的伴侣	找到好伴侣
命不好，让我摊上这么难搞的孩子	我命很好，孩子进步真大	孩子真的进步很大

完美有毒，快找解药

想一想

想象身后有一把高脚椅，当听到有人要求你向后跳到椅子上，你会选择（ ）

A. 跳

B. 不跳

如果选择不跳，你的感受是（ ）

A. 震惊

B. 困惑

C. 害怕

D. 犹豫

怎么可能！为什么非要向后跳？谁规定必须向后跳？谁会答应如此刁蛮的要求？但奇怪的是，这样的事天天都会发生。

“女子本弱，为母则刚”，有多少初为人母的女性用这句话苛责自己？殊不知，这是对初为人母最大的恶意。

“得知怀孕我却没准备好做妈妈，完了，我不是一个好妈妈。”

“我不想为了孩子辞职回家，完了，我不是一个好妈妈。”

“我想睡一会儿再管孩子，天哪，我这个自私鬼不配当好妈妈。”

“明明已经很累，还是强打着精神陪孩子直到发火，天哪，我居然是这样坏的妈妈！”

哪些时刻，你会觉得自己不是一个好妈妈？当你怀疑自己不是一个好妈妈时，会发生什么呢？你可以记录下来。

怪不得孩子的一点点事情都会让女人崩溃，怪不得一旦哪里搞不定，就觉得自己不是好妈妈。妈妈对自己的要求多么高、多么无理、多么荒唐，居然有这么多人争先恐后地跳进这种思维里。

如果我累了，想休息一下；如果我有所谓不应该有的野心，想追求事业发展；如果我不想牺牲，想花点时间好好照顾自己，该怎么办？如果我做不到完美，是不是就不可以做妈妈？心里分化出两个自己：一个自己在说“我有自己的需求”，另一个自己在说“你不能，因为你是母亲”。你一只脚明明踩着油门，另一只脚却狠狠踩着刹车，就在这样的空转声中痛苦地消耗着，纠结无比。

这就是内心追求完美的母亲。在孩子心里，完美妈妈意味着什么？

回想小时候，你有一个完美妈妈，会让你有什么感受？

妈妈太完美了，我一直在后面追，怎么追都追不上，怎么都达不到要求。最糟糕的是，完美母亲的孩子敢有需求吗？不敢有自己的需求，等同失去了自我，努力活成别人的样子，还追不上，活着的意义何在。

金马奖获奖电影《阳光普照》讲述了被父母寄予厚望的阿豪的故事。在阿豪弟弟失手伤人后，他的父亲居然恳请法官从重判刑，判到死。从此，阿豪成了家里唯一的儿子，也是唯一的希望。他高考失利，没考到父母期望的医学院，表面上顺着父母的意愿去复读，但内心的痛苦无人理解，更无人诉说。在一个晚上，他删除了手机上所有的信息，将屋内的床单铺得一个褶子都没有，连死都不想麻烦其他人，就这样纵身一跃，离开了这个让他必须“阳光”的家。

他的死成了全家人的谜，这么一个完美的人为什么会自杀呢？

辗转找到了阿豪的女同学才揭晓了答案，他总做噩梦，自己变成了司马光去砸缸，每次费尽力气砸开缸，却发现他救出来的人居然是自己！

他多么希望自己哪怕能躲在缸里一秒钟，但他睁开眼睛就得做没有休息时间的好孩子。“他对每个人都很好，把所有的好都给了别人，而忘了留一点好给自己。”

“爸妈这辈子没有指望了，就指望你能考上”，“你弟让我不省心，妈妈只剩你了”，完美会“毒”死孩子，看似无私，但藏着的怨，怎么都能品出来，站在道德高地，统治着什么。

阿豪的爸爸在失去儿子后才明白，他送那么多的笔记本给儿子，希望他“把握时间、掌握方向”，儿子一本都没用过的全新笔记本是那么刺眼。

解药在哪里？

心理学家温尼科特给了方子，做“刚刚好的妈妈”，正因对孩子的“受不了”，所以要与孩子分开一会儿，妈妈和孩子的距离拉开，不只是爱孩子，也要留“恨孩子”的空间，“在孩子开始恨妈妈之前，主动分离”，在不被需要的时候，要及时撤离。妈妈一定会让孩子失望的，而失望的出现则形成了孩子的自我。

完美妈妈扮演的是一场苦情戏，她一心一意为家付出，甚至不需要男人也能支撑起整片天，孩子在她心里永远是第一位。

刚上小学没多久的我看不清楚黑板，被检查出近视，一直细心照顾我的妈妈非常自责，“如果没有找高度近视的丈夫，你就不会近视了”。好像我近视了就不完美了，需要怪罪一个人，那这个人就是我的父亲。虽然不明白为什么班上那么多戴眼镜的同学，唯独我的近视这么难以让妈妈接受，但是我感受到了妈妈深深的遗憾。每个周末她都带我去找新的治疗方法，各种稀奇古怪的治疗方法，要在东北零下 20 多摄氏度的户外用红色镜片看半小时的白墙，甚至试过连续半年只吃黑豆不加糖的食疗方法……每个月治疗近视眼的费用就要花掉几乎所有的家庭收入，但遗憾的是，只有我知道我的视力没有丝毫恢复。为了让妈妈开心，我开始背视力表，要在医生检查开始的那一刻，迅速定位到我根本看不清的字母 E 上，在记忆中推测出它朝向哪一边。我就这样瞒天过海，骗过医生，只为了博妈妈一笑，我足足背了好几年视力表。为了节省出医药费，我们舍不得坐公交车，会选择往返走路去十几公里外的医院接受治疗。所有的医生和护士都夸我懂事，只有我知道，我只是想让那个把我当成她生命全部的妈妈高兴。

为了我，我的妈妈砸锅卖铁给我治近视眼，失去了自己的中心，把自己挂在了我身上，希望用这些牺牲换回无比确定的一样东西——“我为你而活”。

"我为你而活"一下子让我的叛逆消失不见，我不知道从哪里得到的信念——"要好好学习来报答她，她是一个那么完美的母亲，我要听她的话"。于是，我从不用大人督促写作业，我总是努力考第一，甚至当我金榜题名考上大学要到学校报到的临行前，我还给妈妈写了很多封检讨书，都在向她诉说："离开你，我好愧疚，我好罪恶，我好抱歉。你对我付出这么多，我欠你的，我怎么可以一走了之呢！"

我去大学报到不满一个月，妈妈在过马路时被一辆着急掉头的车撞了，一向小心谨慎的她这么多年第一次这样不小心。也许她自己都没意识到，她有多不舍得离开自己一手养大的孩子。

不管母亲有多么不愿意承认，孩子的独立势必要先完成心理断乳，曾经的母婴关系是共生状态，而未来的亲子关系，则是不管妈妈怎样，孩子都需要奔向宽广的世界。母亲即使有再浓烈的爱，也要克制吞噬孩子的冲动。

等我做了母亲之后，才知晓我的母亲因为 1 岁时感染了脊髓灰质炎，她的童年经历了前后 4 次大手术。在冰冷的病房里，作为孩子的她多么希望有一个完美妈妈能够共情她、陪伴她，但遗憾的是，在吃不饱、穿不暖的家里有好多孩子的条件限制下，这成了她的遗憾。于是她拼了命都要生一个孩子，想做一个完美妈妈，弥补自己童年的遗憾。但她背负了本不属于她的完美人设，背负了失去自我的痛苦，作为她的孩子，我怎能感受不到？

等我做了母亲，我才知道，完美妈妈对孩子有多么致命。

我转行做教育，我去攻读心理学硕士和博士，我做的一切不是想教育别人，而是想教育自己，成为一个不完美的妈妈，成为一个刚刚好的妈妈，成为一个真实有缺点的妈妈。不是只要妈妈牺牲一切就可以力挽狂澜地成就孩子，妈妈有勇气目送孩子和自己分离，孩子才能奔向更美好的生活。我不想孩子为了我而放弃了自我，我不想让孩子没了他们自己的空间，我不想阻碍、妨碍他们的大好前程，我也不想上演人设崩塌导致他们仇恨我而老死不相往来的家庭悲剧。

妈妈被捧得越高，就摔得越惨。我真实，我有很多缺点，我也不完美，但我依旧可以是孩子的好妈妈。

想一想

你是否也执着这些完美？转换思路，尝试把“勉强自己成为完美的人”转化成一个“能表达真实感受的人”。

下面请尝试给自己开一剂治疗完美倾向的药方。

完美倾向	解药
再累也要陪孩子	请其他人帮助，休息好，等能力恢复了再陪孩子
不能拒绝孩子，无法对孩子说“不”	直接告诉孩子自己的感受，比如我很生气，我需要时间冷静，等我准备好再找你
为孩子牺牲一切	保留自己热爱的事业和兴趣爱好的基础上，允许孩子有自己的兴趣爱好和在此基础上发展事业

没有所谓的坏孩子，都是受过伤的好孩子。如果惩罚对坏孩子有用，那早就没人犯罪了。孩子身上都有敏锐的触角，感受不到爱的孩子，总想以破坏的方式寻找爱，孩子身上表现的行为问题其实是在自救。

第五章

没有坏孩子，只有受过伤的孩子

孩子变“坏”其实是为了寻求爱

在家长课堂里，只要一有机会让爸爸妈妈们发言，说说父母通常会面对孩子的哪些挑战，大白纸永远记录得满满的。

A. 写作业不积极，不到最后一天不动笔，荒废时间，学业跟不上

B. 晚上不肯睡，早上不肯起，吃饭不规律，零食管不住，一玩手机一整天

C. 事一多手忙脚乱，一点头绪没有，记不住学的东西，记忆力差

D. 孩子不听话，还顶嘴、反抗，孩子越来越难管，自己气得不行

E. 孩子心血来潮想做一件事，坚持不下去

F. 孩子做一件事效率太低，效果不好，写作业花的时间太长，错题也很多

G. 一放假，孩子就惦记玩，荒废时间，如何让孩子高效利用时间

H. 孩子有时候受情绪困扰，提不起兴趣做事，没有动力，没有热情

I. 孩子太黏人，总是需要大人陪着才能做事。大人很累，孩子也不独立

J. 无论怎么跟孩子讲道理，孩子就是不听

K. 孩子不愿意尝试新事物，有抵触情绪

L. 孩子成天稀里糊涂的，做事没章法，老是丢三落四，今天忘记带作业，昨天丢了帽子，前天丢了水壶

M. 孩子动不动就闹脾气，情绪捉摸不定，没有时间做正经事

N. 懒惰，没有自主性

O. 分不清轻重缓急，火都烧上房了还在玩，要交作业了还在跟别人闲聊，马上要考试了还不复习，等等

P. 孩子看到多一点的作业就犯难，不愿意做，看到厚一点的书就不愿意看，被大任务吓到了

Q. 孩子一做事就喊累，就说困，好像一天总打不起精神

R. 孩子心里没数，也没有目标，每天做事都不知道为了什么

S. 孩子没信心，紧张，担心别人说，担心做不好，总是卡在自己心态上

T. 孩子总是轻易放弃，好像对什么都无所谓，怎么说都不愿意去努力

高频的 20 个问题会反复出现。有趣的是，每一次当我们听到其他家庭也会面临一样的挑战，我们的压力会小一些，尤其是听到老师家的孩子也有同样问题的时候，就会长舒一口气，压力一下子减少一大半。

“我不是孤单一个人在战斗，原来大家都和我一样面对这样的挑战”，没有所谓的别人家的孩子，因为你只看到了别人家孩子好的一面，你没有看到的那一部分和咱家孩子几乎一样。

我从业十余年，就没见过一点养育挑战都没有的孩子，只要有孩子，只要有家庭，就会面对绝大多数如此相似的问题。但不同的是，父母面对挑战时的反应决定了孩子下一步的走向。

把孩子想象成我们手里的一张白纸，请对着这张白纸读下面这些话。注意，读完每句话时，用手狠狠揉搓白纸。

1. 你真笨，真没用！

2. 你看别人成绩多好，你再看看你！

3. 你怎么这么邋遢，一点都不像我！

4. 再考这么点分，你别指望我给你买好吃的。

5. 怎么还不写作业，真是懒到家了。

6. 这么简单的题怎么还能做错，罚你写 100 遍！

7. 还好意思玩手机呢，考那么点分？

8. 真的是倒了八辈子血霉摊上了你这样的孩子。

9. 当时要没生你就好了。

10. 你别管我叫妈，我没你这样的孩子。

读完这 10 句话后，发生了什么？

这张纸被揉搓得伤痕累累，语言暴力和肢体暴力相比，更不容易察觉，孩子的身上虽然没有伤痕，但孩子的心理会不会像这张纸一样，满是揉痕？

想一想

请问如果你是孩子，听完以上10句话，你有多想按照父母的期望改正错误、重新做人？（　）

A. 一点不想

B . 犹豫不定

C. 坚决不想

D. 特别想

每说一次上面的话，就像挤出一截牙膏，等牙膏挤完，请你试着把挤出的牙膏收回原来装牙膏的空管儿里面，是不是难以收回？所以，对孩子造成的伤害想收也收不回来。

没有看到的，才是真相。

所有“坏”行为背后都蕴藏着巨大的心理需求，正如冰山一样，冰山下隐藏着巨大的“你爱不爱我”“我重不重要”等心理需要。

没有所谓的坏孩子，都是受过伤的好孩子。如果惩罚对坏孩子有用，那早就没人犯罪了。孩子身上都有敏锐的触角，感受不到爱的孩子，总想以破坏的方式寻找爱，孩子身上表现的行为问题其实是在自救。

1983 年，中岛美嘉出生了。她从小没有得到过父母的爱，所以很自卑。她不爱学习，还经常被人欺负。小学时，她被男生欺负，姐姐正好看到这一幕，帮她打跑了欺负她的男生。那一刻，挺身而出打人的姐姐成了她最崇拜的人，她坚信“坏”样子可以保护自己。

上初中后，中岛美嘉开始抽烟、喝酒、染发，不上学，把自己打扮成像姐姐那样的坏孩子，好像只要足够“坏”，别人就不能欺负她。初二时，她不堪忍受校园暴力，被迫转学。再之后她辍学了，以为工作了就可以远离校园欺凌，但事与愿违，一直浑浑噩噩当坏孩子的她怎么都找不到她想要的安全感。直到在朋友的帮助和救赎下，她开始通过唱歌来找回自己。

从小到大，你身边有没有叛逆的孩子接受了帮助，找到了热爱的事业，没有误入歧途？

中岛美嘉把“寻求爱和认可”的心声融到歌声里，她希望有更多像她一样迷失的孩子能听到，靠着这份巨大的愿力，后来的她成为日本最著名的歌手之一。正值事业顶峰的她因为耳咽管开放症失去了听力和声音，当所有人都以为她再也不可能复出唱歌了，她却重新站回了舞台上，听不见音乐伴奏，她靠一下下跺脚，唱出了《曾经我也想过一了百了》。“曾经我也想过一了百了，我还没有遇见你，因为有像你一样的人存在，我稍稍喜欢上这个世界了，因为有像你一样的人存在，我开始稍稍期待着这个世界”，她的歌声里传递着她一生的力量。每当我听到这首歌，即便语言不通，我也能听到她内心深处的呐喊和希望。

全球 2 ～ 4 岁的儿童中，有 3 亿儿童曾遭受看护人的攻击和体罚，占受伤害总数的 75%。在 30 个有相关数据统计的国家，每 10 名 1 岁大的儿童中有 6 个经常遭受肢体或语言的暴力。看到这组数字，脑海中忍不住浮现这样一个画面：

一个高高在上的大人从怀里拿出爱，对着不到自己膝盖高的孩子说：“这是爱，你想要吗？”当孩子小心翼翼踮脚去拿，大人一把收回爱，大声地说：“你得乖，我才给你爱。”

孩子被大人的气势吓坏了，不敢再要。当孩子要放弃的时候，大人又拿出比糖还具有诱惑的爱，问：“这是爱，你想要吗？”当孩子举起已经准备放弃的手去拿，大人在孩子的手刚要碰到爱的时候又收回来，“不行，如果你犯错误了呢？我怎么能保证你不再犯错呢？”

如此反复，直到孩子最终放弃。

回想童年，有没有类似的场景，作为孩子的你刚刚想要获得爱，又被大人收回去。当你回想这样的场景时，它让你对亲子关系有哪些思考呢？

大人有太多理由不给孩子爱，也有形形色色、冠冕堂皇的理由收回爱，潜台词万变不离其宗：“因为你不够好，所以不能给你爱。我不确定你能否表现得够好，所以不能给你想要的爱。”

没有能力承受孩子的“坏”，就会让孩子越变越坏。所谓的“坏”是堆起来的爆发。

A 妈妈：再这样，我就不爱你了。

孩子：我不仅要伤害自己，伤害你，还要伤害全世界！

B 妈妈：不管怎样，我都爱你。

孩子：真的吗？

B 妈妈：不管怎样，妈妈都爱你。

B 妈妈 比 A 妈妈更有能力承受孩子的“坏”，不会因此而报复孩子，孩子的“坏”在妈妈的母爱怀抱里被融化了。面对这样的爱，哪有孩子会继续坏下去？“坏”失去了动力。坏的背后其实是脆弱，脆弱到骂人、抽烟、打架、捣乱。

骂人的孩子不一定是坏孩子，只是希望装得像大人一样有力量；抽烟的孩子不一定是坏孩子，只是想成为像大人一样的人；打架的孩子不一定是坏孩子，只是不知道怎样保护自己和身边的人；捣乱的孩子更不一定是坏孩子，只是不知道怎么安放自己的不安。

请尝试写下你对孩子所谓“坏”行为背后的猜想，找一个合适的机会，和孩子求证，写下你求证后的感悟。

孩子的“坏”行为	你猜是因为	求证	求证后的感悟

你是否相信，爱不会让孩子变得更坏，只会让他变得更“好”，是最基本的教育假设？你是否相信，纵使全世界都说孩子坏，爱一定会让孩子回心转意，是坏孩子改变的前提？

此时此刻，你有多相信“孩子不是坏，只是想要爱”这句话？闭上眼睛，你能想到孩子的哪些语言和行为让你感动？

羡慕别人家的孩子都是好孩子，是因为别人家的妈妈能扛住孩子的坏。疯狂盯着孩子的缺点和坏的方面，就像刻舟求剑，永远找不到打开孩子心门的入口。

被爱过的孩子，才能化解人世间的万千困难。给孩子爱，是不会培养坏孩子的，而所有的坏孩子，都是需要被爱的孩子。

你愿意用哪些语言和行为向孩子表达“你有多爱他”？你愿意在今天对孩子表达哪些语言和行为？请记录下你的决定！

孩子的“坏”	要补的爱
你答应来接我，居然没来！	对不起，我来晚了，让你担心了！宝贝，我爱你。
我不想写作业！	我爱你，不管别人怎么说你，妈妈都相信你是好孩子。
我讨厌你！	不管你怎么想妈妈，妈妈都爱你，从你出生到现在，一直都爱你，妈妈愿意听你讲讲心里的感受。等你准备好，你来找我，我一直都在，孩子。
我恨死我们班的小强了！	你一定很难过，对吗？你对妈妈来说非常重要，我爱你，不管碰到什么困难，妈妈都会陪着你。
我要打隔壁班小牛	一定是发生了什么，才让你这么生气。我爱你，如果你愿意，愿意和我说说你的心里话吗？如果你不愿意说，等你准备好，你来找我，妈妈一直都在。

“讨厌”孩子的背后其实是对自己不满

早上出门送女儿上学，我下意识地看到女儿的头发，脱口而出“你头发有点乱”，女儿睡眼惺忪地看着我说：“妈妈的头发也有点乱。”我讨厌孩子身上的缺点恰恰是讨厌自己身上的缺点。

想一想

你有没有讨厌孩子身上的哪些缺点？

A. 怎么那么不爱学习

B. 总是调皮捣蛋

C. 犯错不知悔改

D. 沉迷手机游戏

E. 不听话还顶嘴

F. 做什么事都磨蹭

G. 比不上别人家的孩子

我们对孩子不满的背后其实也投射了对自己的不满，明明自己不是读书这块料，对自己的学习结果不满，却投射给孩子，才有了全民“鸡娃”、疯狂补课的集体“内卷”。

对孩子做错事、成绩差、不爱学习不满的背后，其实是讨厌自己总错过事业机会，人生不如意；讨厌孩子调皮捣蛋的背后，是讨厌自己不干正事总是想玩；讨厌孩子犯了错还不想道歉的背后，是讨厌自己不知悔改，总在一个地方摔倒不长记性；讨厌孩子沉迷手机游戏的背后，是讨厌自己经常看手机；讨厌孩子不听话还顶嘴的背后，是讨厌自己有攻击性；讨厌孩子做什么事都磨蹭的背后，是讨厌自己时间管理不好；讨厌孩子比不上别人家孩子的背后，是讨厌自己怀才不遇、技不如人。

回想小时候，自己被大人讨厌的行为和爸爸妈妈生活、工作的状态有哪些联系？你有哪些新发现吗？

当大人把讨厌投射给孩子，会发生什么结果？

投射给孩子担心，结果一语成谶，“被我说中了吧！你看看吧，我就说你不是学习这块料”。当投射后对方认命了，投射就犹如灵验的诅咒。家长打着“我为你好”的旗号，结果把孩子养成了自己讨厌的样子。

小时候的你听过哪些大人对自己说的比较狠的话？闭上眼睛，想一想哪些话影响了你一生的决定？

和孩子的关系，也是和自己的关系。

我刚成为妈妈的时候，一有时间总是抱着女儿讲故事、看绘本、学习。身边有位诤友，看到我总带孩子学习，忍不住问我：“和带孩子学习相比，你为什么不愿意带着孩子进行非学习以外的事？比如亲亲、抱抱。”是啊！我为什么下意识地总愿意带孩子学习，而不是花时间和孩子进行肢体的接触——搂搂抱抱、亲亲？从本能上我总觉得不好意思，很难为情，更觉得高质量陪伴就要带孩子学习才对，做那些没有意义的搂搂抱抱是不是浪费时间？

直到有一天，赶上老妈做了一道好吃无比的菜，我忍不住给了老妈一个吻。被突如其来的吻吓了一跳的妈妈下意识地推开我说："这么大了还犯贱，干点正事。"说着，眼睛不自觉地白了我一眼。她下意识的动作让我一下子僵住了，原来在我成长的家庭里，亲亲是犯贱，要做正事！而正事指的就是看书学习。

一有时间就带孩子看书学习，不花时间和孩子亲昵，是我从原生家庭学会的表达爱的方式。如果没有诤友在一旁提醒，我浑然不知，原来我向女儿表达爱的方式不自觉继承了我的母亲对我的表达方式，只有看书学习，没有亲昵，亲亲等于犯贱、不干正事。

一念之差，我差点错过了和孩子亲亲、搂搂抱抱的亲密时光。孩子在家里需要的不是只给予知识的家庭老师，而是一个给予无条件亲亲的妈妈。

无独有偶，皖南医学院人文与管理学院教授齐凯 2017 年发表的《大学生自杀相关行为与不同家庭因素之间的关系研究》表明，父亲为教师、医务人员和公务员这三类职业的大学生自杀发生率是工人职业的 3 倍之多，母亲为教师、医务人员和公务员这三类职业的大学生自杀发生率是工人职业的 12 倍之多。

看到自杀学生的父母职业分布，为什么教师职业占比那么高？

作为对知识要求较高的老师，很容易把孩子当成学生，我的妈妈作为课后班的老师，不自觉地就会更愿意带着我学习。被我的妈妈视为洪水猛兽“犯贱”的亲亲，恰恰是她也没有意识到的渴望。妈妈在她小时候没有得到过这些亲昵的爱，她也被她的父母勒令“干正事”，不能表现出对亲密行为的向往，一代一代向下传，本能的亲昵行为被一代一代压抑。

我们很多人就这样被讨厌的东西困住了，被吸入了黑漆漆的隧道，看不到隧道外的山水美景和其他可能，在这一条道上跑到黑，怎么都爬不出来。

当你再一次说讨厌什么的时候，请等一下，因为那里面藏着你不敢看的渴望，一直看着它，它会带你找到真相。

我们哪里是讨厌孩子的缺点，其实是在和自己未完成的渴望较劲，哪里有什么注定的悲剧，是我们不愿意走出来，去看看外面的世界。

不让孩子成为父母“讨厌”的牺牲品，就是最好的教育。

让孩子感受“我是坚韧的，世界是善意的”

孩子去游乐场里玩水枪大战，水枪里的水不小心溅到路过的同龄孩子的眼睛里，孩子刚想道歉，对方跑开了。对方爸爸一个箭步抓住了孩子的胳膊，像拎罪犯一样把他拖到你面前。孩子因为突如其来的架势吓哭了，对方爸爸嚷嚷要带他的孩子去医院，还让你赔付医药费，你会如何做？是看着孩子胳膊上被抓的红印心疼，和对方爸爸吵架；还是让孩子马上跟对方说对不起，尽快走人；或是报警，请警察评理？

心理学家弗洛伊德把“我”分成“本我”“自我”“超我”，代表原始冲动的“本我”和代表社会道德规范的“超我”总是扭打在一起，如果没有“自我”这个调解员从中劝架，那“我”就会分裂成水火不容的两个敌人，永无宁日。

想一想

上述场景中的孩子爸爸，他的“本我”和“超我”，哪一个暂

时胜出？（　）

A. 本我

B. 超我

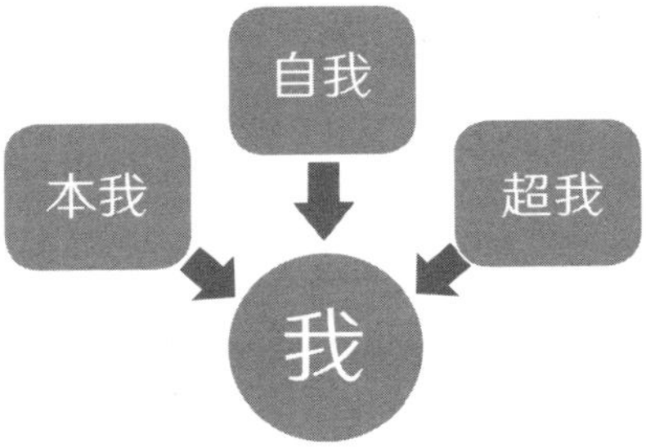

对方爸爸听到女儿哭诉在玩水枪游戏时被水溅到眼睛里，“本我”迅速压倒“超我”，还没轮到“自我”这一调解员上场，在一时冲动之下拎着和自己女儿年纪一样的孩子拖了数米远。在他的眼里，这个和自己女儿相仿的孩子是个“坏孩子”，他怒发冲冠，一心只想着惩戒“不良儿童”，为孩子寻求“正义”。

在这个场景中，等这位爸爸的“自我”调解员上线后，调停了“本我”和“超我”这两个水火不容的敌对情绪后，冷静下来反思，这个不小心溅到水想道歉的孩子真的是坏孩子吗？如果这个孩子是自己的孩子，答案会发生变化吗？

如果是自家的孩子，出于母爱和父爱的本能，你会心生孟子所言的“恻隐之心”，一定不会说他是一个坏孩子，但为什么对某些时刻的某些“我”来说，一个孩子却变成了坏孩子呢？

因为对于除了你以外的绝大多数人而言，都没有你了解自己的孩子，没有人会看到他为你倒一杯水的暖心行为，没有人会听到他背后那么多的暖心话，更没有人会像你一样在他身边陪伴那么多年。

当脑海中出现了“你存心想伤害我的孩子”这几个大字，不管怎么解释，“本我”感受到的都是“我的孩子好脆弱，没有办法保护自己，只有我能保护他”。最可悲的是，孩子也开始认同爸爸的想法，在与同伴发生冲突后，“我没有能力独立面对”，再也不敢向小伙伴表达水溅到眼睛里的愤怒和难过，以后一碰到困难，就会跑回爸爸那里哭诉，等着大人给自己主持公道。

双方家长感受到的都是“你是存心伤害我的孩子”的“恶意”，一定会和对方吵起来，“你的孩子眼睛进水了，我的孩子胳膊还被你抓红了呢”。两种恶意纠缠在一起，就形成了恶的循环。

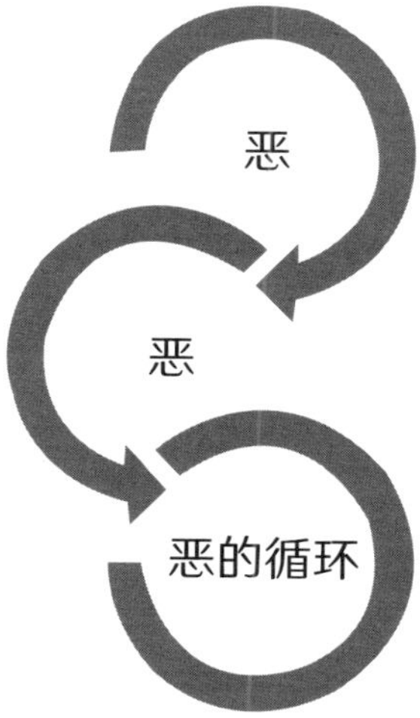

如果双方家长感受到的是“你是想保护你的孩子”的“善意”，于是就会用“善意”换“善意”，“同为父母，你和我都有孩子，这是孩子们的冲突，相信孩子们，给孩子一个自己面对和解决的机会”，相信“孩

子也没有脆弱到无法面对这个小小的冲突”，两个孩子拥抱后，接着一起玩。两种善意融汇在一起，形成了善的循环。

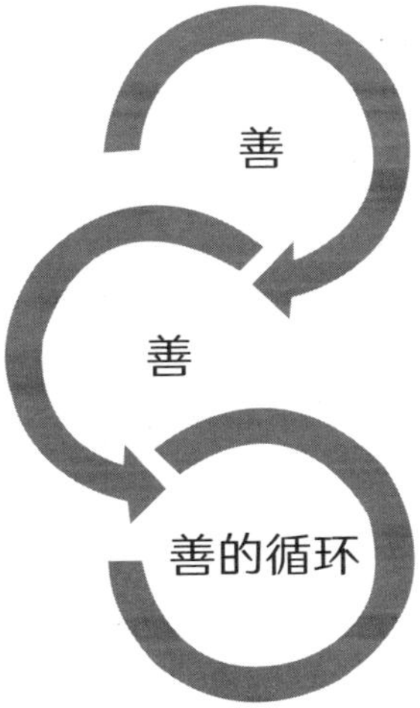

让孩子来面对外界的恶意和永不停歇的恶的循环，那么孩子的世界就会有更多的恶意和恶的循环，有更多的争吵、更多的攻击，甚至更多的战争。

想一想

A. 我是坚韧的，世界是善意的

B. 我是脆弱的，世界是恶意的

C. 我是坚韧的，世界是恶意的

D. 我是脆弱的，世界是善意的

以上 4 个选项，你希望孩子感受到什么？如果按照幸福指数排列，A、B、C、D 哪一种最幸福？

排在第一的永远是让孩子感受到“我是坚韧的，世界是善意的”。“即便成长的路上不是一帆风顺，爸爸妈妈也相信你有能力面对，更有能力解决，世界也会为你欢呼鼓掌，这样的一生是幸福的一生”。

想一想

记得我办园的第二年，有一个班上的很多家长希望幼儿园劝退一个 2 岁半的小男孩，原因是听说这个孩子在班上总动手打人，劝退孩子可以平民愤。如果你是我，你会如何处理？（ ）

A. 听从民意，劝退 2 岁半的小男孩

B. 顶住压力，给 2 岁半的小男孩家庭调整的机会

从 2 岁半开始的冤冤相报，一直发展下去，会变成什么？我不敢想象，我顶着压力给其他家长做工作，给所有人一个了解 2 岁半孩子的机会，才发现这个被传言总爱动手打人的 2 岁多的孩子背后，有一个总爱动手打他的大人。学校有若干理由可以劝退一个孩子，但孩子被劝退之后，谁愿意真的帮助他？如果没有人愿意帮助他，他长大后会变成什么样的人？

哪一个孩子愿意用动手打人的方式被全班讨厌？哪一个孩子来到这个世界的意义是让全世界抛弃他？

如果请你尝试用坏孩子的口吻给世界写一封信，请你闭上眼睛体会一下，坏孩子的内心世界到底在追求什么？

孩子的“坏”是被逼出来的，犯罪心理学专家李玫瑾曾经说过：“成人的犯罪，倒推至他的童年，你就能找到原因。孩子的问题，都是大人造成的。”

孩子的问题总是始于家庭，显于学校，恶于社会。好的家庭教育从来不是让孩子考上“清北名校”，而是不为这个社会增加一名罪犯。

不抛弃、不放弃任何一个孩子，才是最好的教育。

当你的孩子和其他孩子发生冲突的时候，在替孩子打抱不平之前，请先问问孩子希望你如何处理这场冲突。

请在此记录你家孩子的闪光点，越多越好。

教育学是关系学

想一想

当大人看到一个孩子不写作业时，第一反应是这个孩子（　）

A. 偷懒不想写

B. 没动力写

C. 不会写

D. 没有心思写

第一反应决定了一切。

大人总觉得孩子偷懒不想写，动不动就会上升到态度问题，苦口婆心地劝孩子“回头是岸”。孩子感受到了你的结论“你就是偷懒”，结论激发了他的反叛：“哼，我没有偷懒，你冤枉我了！既然这样，我干脆不写了，反正无论怎样你都会冤枉我。”

大人担心孩子不会写，宁可花费不少金钱也要带着孩子去找培训机构疯狂补课，大人可能担心对了困境，却关心错了问题。在孩子会不会写作业之前，永远横亘着另一个巨大的问题：“我没有动力写，我更没有心思写。”

为什么没有动力和心思呢？

新冠疫情期间，我连续直播了400多天，在直播间连麦了不同年龄和不同年级的孩子，让我印象最深的是一个小学二年级的女孩。她是一名留守儿童，她的父母不在身边，只有爷爷奶奶陪伴，奶奶只要一听到她成绩下降，抓起晾衣架就打。每次走到家门口，奶奶问她的成绩，她就害怕得不得了，后来发展到上课听讲时也害怕，回家写作业也害怕，很多题都会做，但一考试，不知道为什么成绩就是上不来。

我问她：“你最怕什么？”

“怕奶奶和爸妈一样不要我了。”她哭得很伤心，连她自己都不知道学习背后原来藏着巨大的恐惧，被抛弃的恐惧。

我问她，如果有机会让奶奶听到你的心声，你想和她说什么？

她想了很久，终于对着奶奶不在的直播间说：“奶奶，我很害怕，请你不要因为学习打我。”在直播间很多叔叔阿姨的鼓励下，她花了一个月的时间，终于鼓起勇气和奶奶说了这句在直播间彩排无数遍的话。神奇的是，奶奶听到后，没想到原来无意识的行为给孙女带来这么大的恐惧。神奇的事发生了，从此奶奶再也没打过她，她的成绩一个月之内从62分提到了93分。听到她在直播间用欢快的声音报喜，和之前颤抖的声音判若两人。没有上补习班，让害怕减轻，就可以帮助孩子在学习上取得如此巨大的进步。

对孩子来说，一连串害怕的念头就像一大群乌鸦黑压压盘旋在大脑中，怎么可能绕过它们好好学习呢？就像你去上班，在进门之前，想到进办公室之后，有同事会接连动用武力，请问你有多少心思会用在工作上？当人用尽全身力气应对害怕，忙着东躲西藏地生存，怎么可能还有心思忙其他事呢？

想一想

如果把孩子的困扰类比为大人的困扰，最让你震惊的是什么？

A. 孩子想买心仪玩具，就像大人想买心心念念的好车

B. 孩子不想分享玩具，就像丈夫不想把妻子分享给另外一个人

C. 孩子不想上学，就像大人不想上班

D. 老大对老二嫉妒，就像婚姻捍卫者对婚姻破坏者的嫉恨

原来孩子的世界和成人世界一样，有很多相似的烦恼，大人不愿意上班，不是因为大人存心不去上班或是工作能力有问题，而是因为有些关系不愿意去面对。同样地，孩子怎么也学不好，也不仅仅是因为能力和态度问题，更多的还是遇到了关系难题。

教育家贝里·布雷泽尔顿指出，“我的工作对象既不是孩子，也不是父母，而是他们之间的关系”。教育学，本质是关系学。没有关系，什么也抵达不了对方的心。

亲子关系最核心的是什么？是能不能容下孩子“坏”的感受，孩子

能不能获得无条件的爱。例如，不管我有多“坏”的感受，你都不会离开我！你都会陪着我！不管外面如何变化，你都会拥我入怀，不嫌弃我、不抛弃我、不离开我。任凭我在你们怀里怎么折腾，怎么“坏”，我都坚信我值得这样坚定的爱。

“容下孩子的坏感受”，你有过吗？

“爸爸，我要烧死你。”3 岁的女儿为了继续玩沙子，面对执意要带自己去动物园的爸爸，说出了这句话。她挣脱爸爸的怀抱，踢掉了鞋，任性地在大街上光脚跑。这句有史以来最黑暗的话，不仅吓坏了爸爸，更吓坏了女儿自己，她被“想烧死人”的坏感受吓坏了。

如果你是爸爸，你会怎么做？

是一个巴掌扇过去，还是忍住怒火，抱住这个也被吓坏的 3 岁孩子？这将决定接下来亲子关系的走向。

如果爸爸和女儿的关系容不下这句话，容不下这个坏感受，一个巴掌扇过去，亲子关系就会在那一刻破裂，不知要花多长时间去修复。如果爸爸和女儿的关系容得下这句话，容得下这个坏感受，虽然这句话覆水难收，但亲子关系会在道歉和解的拥抱里重新修复。

我们对教育孩子最大的误解，就是希望父母慈、子女孝，希望孩子永远都是好孩子，在亲子关系中不要出现任何“坏”，但是没有坏感受的联结，哪有滋养彼此的关系？没有滋养的关系，哪来的教育呢？

当一个孩子有“坏感受”时，如果还有一段一辈子不会断的亲子关系支持他、帮助他、爱着他，再坏的孩子都会重生。

理智战胜不了感受，只有感受才能化解感受。

怎么联结坏感受？家长只需要做到以下两步。

第一步，先看见孩子的感受，再面对发生的事实，听完孩子的诉求。

你看起来【感受】	因为【发生的事】	你希望【孩子的诉求】
你看起来很害怕	因为爸爸妈妈吵架了	你希望爸爸妈妈有话好好说
你看起来很委屈	因为爸爸批评你了	我希望爸爸好好和你说话
你看起来很生气	因为他不让你一起玩	你真希望能和他们一起玩
你看起来很伤心	因为你喜欢的玩具没买到	你真希望能得到它
你看起来很难过	因为弟弟有人陪	你也希望有人陪

第二步，承认、共鸣、启发孩子的感受。

承认	共鸣	启发
你真的生气了	我也会生气，每个人都会	做点什么，你会感觉好些呢
你真的害怕了	我也会害怕，每个人都会	做点什么，你会感觉好些呢
你真的难过了	我也会难过，每个人都会	做点什么，你会感觉好些呢

请写下孩子在被大人联结他的坏感受之后，你和孩子的亲子关系发生了哪些神奇的改变？

1. ______________________________

2. ______________________________

3. ______________________________

我们习惯了对陌生人、对外人表达感谢，唯独在家里，把付出看作天经地义。正式的感谢和真诚的鼓励成了家里最稀缺的奢侈品。没有被致谢的付出发酵成了臭气熏天的抱怨，没有鼓励的努力被压抑成了攻击力极强的指责。本应该是温暖的家庭，却成了全世界最冷的地方。

第六章

改变，从营造积极的家庭关系开始

一味顺从不是真的孝顺

在直播间连麦这样一位单亲妈妈，从头到尾，她一直在哭。从她断断续续的哭诉中，我终于听明白了事情的原委：因为丈夫出轨，刚刚办完离婚手续，她很想要孩子的抚养权，但因经济原因，抚养权暂时给了孩子的爸爸。她努力赚钱，想把孩子的抚养权要过来，想母女团聚，可是自己在老家的母亲突然造访，跪下来恳请她给弟弟还赌债。

如果你是她，你会选择用这笔钱给弟弟还赌债，无法要回女儿的抚养权，还是不用这笔钱给弟弟还赌债，坚持要回女儿的抚养权？

亲情的纠结最让人痛苦，明明外人都能看明白的道理，当事人总是纠结其中。她全程在哭，是因为作为女儿，无法拒绝自己母亲的请求，根深蒂固的“顺从”思想让她除了委屈没有其他解决办法。同时，作为母亲的她也想要和自己的女儿团聚。在直播间，她泣不成声，她说“我对不起女儿”，但母亲的话她不得不听，她不想被冠上“不孝顺”的恶名，不想失去母亲。

究竟是谁给孝顺下这样一个沉重的定义，“为了孝顺，我要搭上我的亲生骨肉”？又是谁把“顺从”和“孝”画上了等号？

选择给已经成年、有劳动能力的弟弟还债，管不了自己的亲生骨肉，哪里是孝顺？如果自己的母亲跪下来请女儿舍弃外孙女也被称为孝顺的话，那就是打着“听话”的旗号道德绑架。一个母亲和自己的孩子团聚，要以背叛自己已经成年的弟弟为代价，老母亲的哀求让多少人困惑，我们到底要为谁负责？

在你身边，有没有哪些让你不理解的“孝顺”？你认为的孝顺是如何对老人呢？

想一想

以下哪个孩子的做法可以被称为孝顺？

A. 大儿子每次都向妈妈要钱贴补自己的小家，经常带着孩子回来蹭饭，动情地说：“妈，以后我就算乞讨都会养你的”

B. 二儿子在外借钱用老人的退休金还，但每逢过年都带着老婆孩子给老人买鸡鸭鱼肉

C. 三女儿打拼事业，经济独立，经常给父母打钱，但就是30多岁还单身，没有结婚生子

“不孝有三，无后为大”，按照这句话的标准来判定，三女儿是最不孝顺的。但大儿子和二儿子难道就是真孝顺？

每个老人都渴望儿女的孝顺，每个儿女也都怀揣着孝顺之心。但真正的孝顺，究竟是什么？

《孝经》中提到："父有争子，则身不陷于不义。"这告诉我们，孝顺并非一味顺从，而是要勇于指出父母的不当之处，避免他们陷入不义。孝顺有 3 层境界：小孝、中孝和大孝。

小孝，是基本的侍奉。当父母年老生病时，我们照顾他们的生活起居，这是为人子女应尽的责任。然而，仅仅做到这一点，并不足以称为完整的孝顺。

中孝，则更为深远。它包含两个方面：一是不伤身，即照顾好自己的身体和心理健康；二是不辱亲，即不辱骂、不伤害自己的父母。中孝难在坚持，尤其是在快节奏、高压力的现代社会，我们往往容易忽视对自己的关爱。但请记住，父母最痛心的，不是孩子的忙碌，而是看到孩子伤害自己。因此，学会自我照顾，塑造属于自己的独立精神世界，就是向中孝迈出坚实的一步。

最容易被忽视的，却是大孝。大孝即忠孝不能两全时的选择。当儿女忠于自己的使命，投身国家、事业时，他们展现的不仅是个人价值，更是对父母最大的孝顺。这种独立和勇敢，会让父母感受到生命的延续和燃烧。虽然他们可能无法第一时间理解儿女的选择，但最终都会为儿女的成就感到欣慰和骄傲。

人类的爱总是向下一代传递，世界上唯一以分离为目的的爱是父母之爱。他们希望我们独立自主，成为想成为的人。因此，勇敢地追求自己的梦想、独立地面对生活，就是我们对父母最好的孝顺。

隔代养育，谁说了算

想一想

如果把你送到一个荒岛上待30年，你会如何选择？（　）

A. 选择自己一个人去

B. 选择和爱人一起去

C. 选择带着父母去

D. 选择带着孩子一起去

E. 选择带着爱人、孩子和父母一起去

如果荒岛是“成为自己”的心灵之旅，你会勇敢踏上独自赴约的旅程吗？

如果没有那一场死里逃生，我不敢踏上这座“荒岛”，成为独立的个体。从此“荒岛”上除了我，再也没有别人，那种孤独我不确定是否能独自承受，我多么希望带上所有我爱的人——养育我长大、我要报恩的父母，放不下的儿女，以及寻寻觅觅那么久才找到的爱人。

不喜欢做全职妈妈，但是为了爱人的事业也要努力在家坚守；再疲惫，也要强打着精神带孩子玩、和孩子看书。但唯独面对自己的父母，我失去了装模作样的耐心，在他们愿意为我牺牲一切的无私面前，我比在任何人面前都容易情绪爆发，这也是为什么隔代养育那么痛。

隔代养育的痛点如下：

A. 老人不接纳新的育儿观点，怎么说都不听

B. 老人看似听了，却依然我行我素

C. 老人总是惯着孩子，干涉父母管孩子

D. 老人总是想干涉孩子，不让孩子自己做一些事

E. 孩子黏老人并不黏我

分不清这 5 项到底哪一项最痛，成年后和父母相爱相杀，总是在鸡毛蒜皮的细节里反复撕扯。

A 和 B 看起来是老人固执的问题，其实老人是因为感受到了嫌弃，所以总是会和晚辈对着干！晚辈学历高，有文化之后什么都不听他们的，深深刺痛了他们。

C 和 E 中的老人对孙辈娇惯，他们一辈子吃了太多的苦，总惯着孩子，对孩子没有原则，要啥给啥的背后，是不希望自己经历的苦让孩子再经历一遍，当年对下一代物质的亏欠都想弥补在下下一代孩子身上。他们之所以娇惯孩子，是因为他们曾经作为父母对孩子们有深深的遗憾。

D 选项中的老人总忍不住干涉孩子，怕弄脏了衣服、地板，不让孩子自己吃饭、自己玩，怕有危险，不让孩子出门等，他们担心孩子的背后是因为自己一辈子都没有办法安下心来，总是在担心危险。老人们自

己一辈子都想要安全感，内心的惶恐不知道如何安放，他们哪里是担心孩子，明明是在担心自己，担心自己被社会落下，担心自己不再被需要，被儿女扫地出门。

办幼儿园这些年，经常碰到祖辈来给孙辈交学费，这些来交学费的老人总是想给幼儿园的各个方面提建议。很多家庭连房子的首付都是老人付钱，子女没有在经济上独立，所以家庭关系就乱成了一锅粥，永远没有小家和大家的界限。

如果子女和父母不住在一起，不用老人的钱，矛盾自然就消失了。如果子女依旧指望老人在经济上帮助自己，在生活上照顾自己，还要求老人像下属一样能达到育儿的最高要求，这样的话，不管用什么方法都无法化解隔代养育矛盾。

子女经济上不独立，老人会一直纠缠这个家的东西怎么摆，物品怎么放，更别提家庭中最重要的“命根子”——小孩怎么带了，老人会忍不住插手父母带孩子的方式。

子女对父母心理上和经济上的依赖，会导致自己怎么都走不出隔代养育的痛。他们之所以过得很纠结，是因为还没有从心理上断奶，怎么都逃离不了隔代养育的心牢。

请你轻轻地闭上眼睛，想象30年后，你的孩子成家立业，你会到他住的地方帮他带孩子吗?

我斩钉截铁地选择不会，因为我知道当自己老去的时候，需要坦然承认自己大脑和体力、精力的退化。即便愿意为了儿女背井离乡，但没有了熟悉的朋友和社交圈，心理上会感到苦闷、憋屈。在孩子的家里，说是主人吧，什么事说了不算；说是客人吧，还要出钱出力，总觉得哪里不对劲。

我们的上一代，他们一辈子都活在“为儿女”的奔头里，如果这份奔头不见了，靠意志能支撑身体平安度过生命的最后一段岁月吗？

从我们这一代和上一代找隔代养育的解药，是找不到，也看不到希望的，因为两代人有着截然不同的时代背景。但是，我们忘了这两代人住在一起，是为了孩子，解药一直在孩子手里。

不管孩子在学校待多长时间，他们受到家庭影响更大，否则，20 年后人与人的差别为什么那么大？

如果老人进你的房间不敲门，你进老人的房间也不敲门的话，孩子从全家人那里学到的都是不敲门的不礼貌。如果家里至少有一个人懂得进入别人的房间要敲门，孩子才有了学习敲门这个礼貌行为的可能性。不管其他人怎么做，我们自己选择怎么做，对孩子来说才更重要。

成年人可以决定自己怎么做，而不是看着别人怎么做，自己不做。所以即便老人进房间不敲门，只要我们去老人房间时记得敲门，孩子依旧能学习到礼貌。谁给孩子示范尊重的样子，谁就不用担心激烈而频繁的隔代冲突会影响孩子的安全感和社会交往能力。

为了孩子牺牲一切，这是父母送给孩子最可怕的礼物，因为你和孩子之间没有一丝一毫的距离，没有任何喘息的空间，一代代孩子长大成人后依旧不断奶，又传递到下一代未成年的孩子身上。

父母是孩子的父母，老人是父母的父母，所谓关系是“岛”和“岛”之间搭建的桥。心理断奶，就是先在一团糨糊中，拉起一道界线，决定我现在怎么做，给下一代能做什么榜样。

你愿意给自己的父母写一封感谢信吗？可以把这一页拍下来发给他们，记录下他们看完信的改变。

我爱你，妈妈，谢谢你从小到大给我无微不至的照顾。我已经长大了，成为像你一样的好妈妈，你相信我有能力照顾好我自己的孩子，对吗？请你给我信任，就像我的外婆给你那份珍贵的信任，让我有机会负自己的责任，给自己的孩子做榜样。谢谢你愿意信任我、能够尊重我、感同身受理解我、毫无保留地支持我。我爱你，妈妈！

我爱你，爸爸，谢谢你撑起这个家庭的重担几十年了，你也该休息了。我不再是从前那个什么都不懂的小孩子了，我长大了，有了赚钱的能力。你放心，我会像你撑起自己家庭一样撑起自己的家庭，像你示范给我的那样。谢谢你这么多年一直是我的榜样，我爱你，爸爸！

写给妈妈：

写给爸爸：

改变关系的秘密

人往往很害怕被改变，尤其是人衰老后，担心自己落伍，即使是死撑面子也会坚持自己是对的。比如，孩子是用尿不湿还是尿布，老人和你争论的其实不是这件事本身，而是自己到底有没有落伍。

谁愿意承认自己衰老和落后？年轻时多么要强，老的时候就有多么逞强。

姥姥在我上高一那年突发脑梗，经过ICU几天几夜的抢救，终于被抢救回来。医生说她回家静养，有完全恢复的可能。全家喜出望外地把姥姥接回家，满心欢喜等待姥姥康复。姥姥恢复神志后，一心想马上站起来，一辈子逞能的性格让她无法接受在床上被人伺候的这几天。所有人都劝姥姥等几天，恢复体力，一定能站起来。但是在等待家人去厨房取晚饭时，姥姥还是没忍住，站起来着急走路的她重重地摔下去，导致胫骨骨折。本来脑梗恢复有望，但加上骨折的双重打击，让她再也没有站起来。她卧床7年，经历了反复的褥疮感染，最终在我大四那年永远离开了这个世界。她要强了一辈子，哪怕最后在弥留之际，儿女子孙的帮助依旧是她无法忍受的。

几十年的老习惯，一朝能改吗？

子夏在《论语》中问孝，子曰："色难。"孔子对孝的理解，居然只有两个字，这两个字是什么意思呢？和颜悦色的"色"，困难的"难"，孔子认为，不给父母摆脸色看的"色难"，是最难的。何解？

美国心理学家和传播学家艾伯特·梅拉比安提出的"55387"人际沟通定律，指的是人际沟通的效果中，55% 是由态度、外表、穿着、动作、面部表情决定的；38% 是由语气、口吻决定的；只有 7% 来自我们说话的内容。即语言的影响力占 7%，非语言的其他信息占 93%。这就是改变关系的密码——55387。

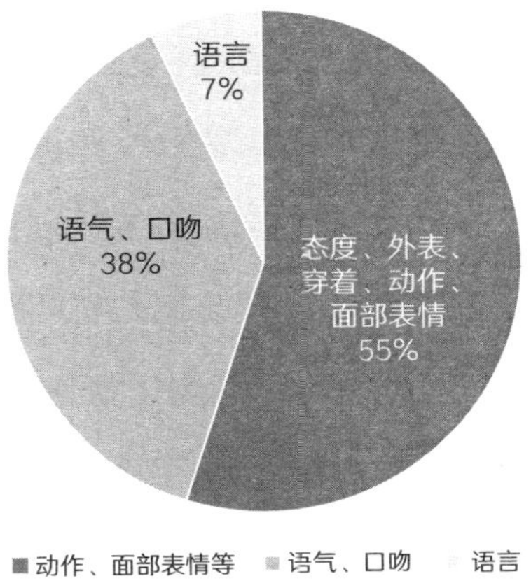

改变关系的密码

想和老人好好沟通，但他油盐不进，怎么办？

一旦沟通出现了"色难"，93% 的其他信息就击碎了 7% 的语言，沟通不明白，还落得老人委屈得直哭。"你小时候就是这么被我拉扯大的"，这句话背后分明就是孩子"背叛"他的难过。总是想在 7% 的语言上使劲，从来没有想过非语言占据了 93% 的力量。

一次，全家开车一起出去玩，我的妈妈坐在副驾驶位。不会开车的她看到拥堵的交通，忍不住叹气，担心并线发生剐蹭。我和妈妈说："我一会儿并线的时候，你在副驾驶把大拇指竖起来伸到车窗外，保证安全的情况下坚持一会儿，一定会有车让我们并线过去。"妈妈将信将疑地把大拇指伸出去，没过一会儿，就有一辆车停下来让我们的车先过去。一个竖起来的大拇指，没有说一句话，就让对方给我们让出了一个并线的空间。竖起大拇指是非语言信息，却替代了千言万语，让对方感受到了谢意，愿意在车水马龙的路上，给我们一个并线的机会。

在拥挤的马路上，给对方竖起大拇指，就化解了怎么都不让并线的困境。

在家里，如果能向家人竖起大拇指，会发生什么呢？

刚开始学习儿童心理学的时候，我特别热衷于回家和老人讲"应该"怎么带孩子。我不讲还好，我一讲，家里的老人特别想和我证明他们的老一套比我学到的新一套管用。于是，本以为学到了新东西，会让带孩子这件事容易些，结果越来越混乱。习惯了语言上的逞强，忍不住和对方理论，理论之后，没有让事情变得更好，反而让事情变得更糟。

后来直到我创业，创办了自己的幼儿园，我终于明白，语言层面的培训没有任何效果。在所有给老师和家长的培训中，只要语言层面的理论和道理太多，参与的大人就会马上进入心理防御状态。

"你说得那么好，管用吗？"

"你根本就不懂我们班的孩子，你的这些方法根本不管用！"

"说得轻巧，你试一试进班带孩子，根本不像你说的那么简单。"

讲再多的理论，不如让老师和家长体验一下孩子的感受。

要想让小宝宝们安静下来，只需要让老师的音量放到足够小，所有的宝宝都会跟随老师静下来；要想让小宝宝们不跑，只需要让老师慢慢走路，所有的宝宝都能学会慢慢走路；要想让小宝宝优雅地吃饭，只需要老师轻拿轻放手中的碗筷，所有的宝宝都会神奇地变得优雅起来。如果老师自己大声喊、动不动就跑、吃饭狼吞虎咽，孩子们无论如何也学不会安静和优雅。

非语言的影响力远远超过人的想象。

10 年来，我一直坚持用体验式培训开展教师和家长培训，虽然受限于人数和线下场地，无法做成大规模的，但我一直在坚持，是因为如果不从心体验，再多的理论知识，对老师和家长来说都是知道却做不到的巨大负担。没有通过角色扮演去体验孩子的感受，老师和家长无论如何也体会不到孩子内心的感受。只要体验过作为孩子的角色后，每个老师和家长都会神奇地自发改变：在见到孩子时，会主动蹲下来给孩子问好；会在孩子紧张时，和孩子保持至少一米远的距离，等孩子准备好；会在孩子害怕的时候，选择什么都不说，只是用肢体轻轻安抚。这些转变，不是外力压迫、道德绑架，更不是理论的指导，而是体验非语言的力量。

“你说得那么容易，老人哪有老师那么容易改变？就算老人体验了，也改变不了！”坚持做了 10 年的家庭教育体验式培训，依旧有人担心老人不会像年轻的老师和父母一样容易改变，但我们很少想过，为什么老人愿意帮儿女带孙辈?

10 年前，得知我怀孕后，我的妈妈关停了她在老家干了 20 多年的课后托管班，连夜赶到北京。打开她携带的大行李箱，居然满满都是给未出生孩子买的衣服和被褥，她自己的衣服只带了几件，被塞到了行李箱的角落，好像她的心满满的都是为了孙辈。我至今忘不掉，她打开行李箱，兴奋地展示那些小衣服的样子。

老人在成年世界丢失很多年的价值感，在孙辈这儿重新被唤醒，“你们没有我不行”的成就感，再次让他们在晚年找回了人生的重心。所有和儿女关于隔代养育的分歧，分明就是老人在人生价值这最后一站与命运的抗争。

“姥姥你看，多好玩！”孩子的童心有多么容易感染老人，老人就有多么离不开孙辈。比起自己的儿女，孙辈给老人的情感满足是他们晚年生活可遇不可求的奔头，只要孙辈需要他们，他们可以一直身体硬朗地挺立在那里。我的婆婆在我的小外甥上幼儿园和上学需要她接送那几年，是她身体最硬朗的时期。她内心的信念支撑着她——不能倒下。

“奶奶，糖真好吃！”孩子吃到小小一块糖的满足会热烈地感染老人，这对暮年的老人是多么大的慰藉。如果强烈剥夺老人看孩子的乐趣和成就感，老人的身体也会如摧枯拉朽般倒塌，人生没有奔头和希望，再也站不起来。

后来我改变了和老人的沟通方式，永远以孩子的口吻和老人沟通：“姥姥特别辛苦，帮我们做了这么多好吃的饭和菜”，像这样传递出感恩的话语，让老人更容易接受。孩子是最容易撬动老人的支点，再难沟通的老人只要听说对孩子好，都会改变。如果带着年轻人对老年人的优越感去交流，“妈妈，现在给孩子穿袜子都落伍了”，老人感受到的是被指责，即使她知道是对的也不愿意改变。如果从孩子的角度说：“妈妈，你看宝宝多喜欢光脚。”老人看到儿孙开心地满地跑，也会跟着一起感到开心。改变了表达方式，就没有了被指责落伍的窘迫，有的是一家人欢乐看着孩子的样子。分歧不重要，重要的是都是为了孩子。

成为家里的主动领导者

请不要想一只穿着粉色比基尼的大白熊!

请不要想一只穿着粉色比基尼的大白熊!

请不要想一只穿着粉色比基尼的大白熊!

看到上面的文字，不管如何努力，我们脑海中一定会出现一只穿着粉色比基尼的大白熊。同理，每次我们和老人说“不要老在家看电视，不要老干涉孩子，不要给孩子吃剩菜剩饭”等，老人只听到“不要做什么，不去做什么，不能做什么”，其结果就和听到“不要想穿着粉色比基尼的大白熊”的效果一样。

回想一下你的家里，最经常说的否定句有哪些?

否定句说得再多，只有“不能”“不要”“不可以”，提不出建设性意见，无法统一行动。爱说否定句的人特别像公司里被动的跟随者的角色，从来没有建设性的意见，总是在已有的方案里挑三拣四，找各种不能干的借口。而公司里主动的领导者总是可以提出建设性意见，而且可以带领大家统一方案。在他们的字典里，没有“不能”“不要”“不可以”，永远都是“能”“要”“可以”。

你觉得自己在工作中的角色是哪一个？是被动的跟随者还是主动的领导者？

“做工作中主动的领导者太辛苦，因为有孩子、有家庭，算了吧！”很多女性不管自己有多少才华，总是在工作中优先考虑“可以照顾孩子”，于是退而求其次谋一份闲职，却心有不甘，经常在深夜时幻想如果自己没有孩子，是不是也可以像身边未育的女性和已育的男性一样，做一个叱咤职场风云的领导者。反观自己的家庭和孩子，成了事业上的“拖油瓶”。“就是因为有你们，我才没有办法在工作上甩开身手大干一场”，这样的遗憾就像房间中的大象，无时无刻不影响着女性在家庭中的付出。

当你第一次听到“领导者”3个字，你联想到了什么？

当别人第一次说你是“领导者”，你是怎么回复的？

1968年的一天，美国心理学家罗伯特·罗森塔尔和丹麦的博·雅各布森来到一所小学，说要进行实验。他们从一至六年级各选了3个班，对这18个班的学生进行了“未来发展趋势测验”。之后，罗森塔尔以赞许的口吻将一份“最有发展前途者”的名单交给了校长和相关老师，并叮嘱他们务必保密，以免影响实验的准确性。

罗森塔尔撒了一个“权威性谎言”，因为名单上的学生是随便挑选出来的。8个月后，罗森塔尔和助手们对那18个班级的学生进行复试，结果奇迹出现了：凡是上了名单的学生，个个成绩有了较大的进步，且性格活泼开朗，自信心强，求知欲旺盛，更乐于和别人打交道。

这就是罗森塔尔效应。

老人身上有罗森塔尔效应吗？如果逢人夸自己家的老人，老人行为会不会变好呢？如果逢人夸自己的丈夫，丈夫的表现会不会变好呢？如果逢人夸自己的孩子，孩子的行为会不会变好呢？

看到这，你希望自己在家里的角色是哪一个？（ ）

A. 被动的跟随者

B. 主动的领导者

主动的领导者就是“鼓励钞票”的中央银行，负责发行源源不断的“鼓励钞票”，把“鼓励钞票”发给家里的老人、丈夫和孩子，他们的账户中都有大量的“鼓励钞票”，他们拿着“鼓励钞票”，怎么会忍心和你对着干？

花几分钟时间，想象自己的“鼓励钞票”要发给哪些人？想象一下他们得到“鼓励钞票”的表情、语言和动作。

财富不是只有金钱，还有比金钱更重要的发自内心的鼓励！

我们习惯了对陌生人、对外人表达感谢，唯独在家里，把付出看作天经地义。正式的感谢和真诚的鼓励成了家里最稀缺的奢侈品。没有被致谢的付出发酵成了臭气熏天的抱怨，没有鼓励的努力被压抑成了攻击力极强的指责。本应该是温暖的家庭，却成了全世界最冷的地方。

这一次，请郑重写下对家人的致谢，越具体越好。写好后，请将这页拍照发给你最爱的家人们。

从被动的跟随者转变为主动的领导者，一下子就找到了改变全家的法宝。

“妈妈，谢谢你早起帮孩子准备了干净的水壶，让她上学可以喝到水！”

“老公，谢谢你在早上有会的情况下，开车送女儿上学，让我能腾出空来写书！”

“女儿，谢谢你在妈妈直播时帮我倒了一杯这么好喝的柠檬水，之后还帮我续了两杯，实在太好喝了，谢谢你！”

“儿子，谢谢你回来拥抱了妈妈两次，让妈妈觉得好幸福，一下子不累了，给我加满了能量，谢谢你！”

妈妈在家是主动还是被动的状态决定了自己的幸福指数，也决定了家庭的温暖程度。做主动感谢的领导者，这份油然而生的主人翁精神，自然而然地就会影响家庭成员。随着我的致谢，家里越来越多的人开始对别人做这些司空见惯的小事时表达感谢：“爸爸，谢谢你在假期找到了这么好玩的公园，带我们开车一个半小时去，真的太好玩了，谢谢你！”“姥姥，谢谢你起得那么早给我做了三明治早餐。”“谢谢妈妈帮助我买了我喜欢的画笔。”……当孩子有模有样地学习致谢那一刻，榜样的力量胜过所有专门对孩子的教育方法。

但如果我把自己锁定在跟随者的角色里，经常抱怨老人带孩子带得不对，抱怨老公带不好孩子，抱怨自己的孩子是白眼狼、不知感恩，就会陷入“我永远都生活在家庭、婚姻的痛苦里，找不到人生的出路。即便我和老人生活在一起，选择离婚再找一个丈夫，生更多的孩子，都不可能帮助我自己好起来”的想法里。

不看轻任何人，愿意鼓励所有人，妈妈就是能领导千军万马的好领导者。

一位单亲妈妈和丈夫离婚后，不仅要靠一已之力养活3个不到7岁的孩子，还要养活好吃懒做的父母、后妈、同父异母的姐姐。出生在美国乡村的她，学历并不高，在医院做过护工，在航空公司做过前台，家务、工作两头忙的她入不敷出，既要赡养同样拥有失败婚姻、每日沉迷于电视剧的母亲、寄居在她家风流成性的父亲，甚至因为前夫出现了经济问题，还要把自家的地下室给前夫借宿，同时还要救济同父异母的姐姐。换作是你，你会怎么办？当所有人都指望着你，你会怎么办？

是再找个男人嫁了，还是让自己活成领导者，领导自己和全家走出困境？

35岁的乔伊·曼加诺选择了后者。从小热爱发明、但不被父母看好的她，在这样逼仄的绝境中，没有向命运低头，靠着一款“魔法拖把”的发明，说服了身边的家人和她一起创业。面对捣乱的姐姐、不靠谱的父母，她领着他们一步一步找投资、找销路，终于在电视购物节目上得到了推广的机会。因为准备不充分，主持人不会使用，导致她的投资血本无归，还摊上了官司。万念俱灰的她把自己关在房间里，一直默默流泪到天亮，一夜没睡的她终于在供应商的合同文书中找到了翻盘的机会，死守在电视台门口，苦等领导再给一次机会。她终于等到了机会，靠魔术拖把一战成名，带着自己的家庭走出了贫穷困境，之后她更是成了坐拥100多项发明专利的女企业家。在她之前，很少有人把家庭主妇和发明家联系到一起，她被商业杂志《快公司》评为“世界上10位最具有创造性的女商人”之一，因她带着孩子和家人创业的励志经历也被评为

“2016年度美国杰出母亲”，她带着自己的3个孩子一同出席了颁奖礼，合影中她的笑容格外有力量。她的故事被改编成电影《奋斗的乔伊》，激励了更多的家庭主妇，原来手握再烂的牌，也有逆袭成领导者的机会。

即便有糟糕的原生家庭、失败的婚姻、嗷嗷待哺的孩子，女人也可以成为自己的领导者！

我也想做领导者，可怎么做才能像乔伊·曼加诺那样挖掘自己的领导力呢？我习惯了跟随，习惯了被催婚、被求婚、被催生，现在一下子让我领导，我怎么领导？

作为女孩，小时候习惯了被教育要做矜持的淑女，凡事都要等人来问，等人来猜心思。一下子要开始自己为自己负责，自己领导这个家庭，的确太难！

刚当妈妈时，特别擅长大包大揽的我，喜欢所有事都自己扛，累到发脾气、号啕大哭崩溃时，才发现自己自大虚荣到何等程度，竟然以为不需要任何人的帮助和支持就能把家庭和事业平衡好，只有承认我不行的那一刻，才敢放手。

“带来和平的领导比发动战争的领导更为勇敢。”阿斯玛·阿萨德这样说。

女性因为独特的性别特质，不管在职场还是在家庭中都是最适合的领导者。

女性只有处于家庭中掌握主导权的领导者位置，才有主动创造幸福的能力。无论什么时候，别折断自己的翅膀，也别将一生的幸福寄托在他人身上，别掩盖了自己领导家庭的那道光！

想象一下，20 年后你的儿女会对你说哪些话，请写在下面。

亲爱的妈妈，我从你身上学到的领导力是我受益一生的品格，不管面对多大的困难，我都会想怎么团结大家克服它，而不是坐在那里抱怨。谢谢你，做了我的女性榜样！

亲爱的妈妈，谢谢你润物细无声的领导方式，让我明白不用强权而用愿景也可以感召其他人和我一起实现梦想，在最困难的时刻，依旧能找到方法，并带领身边的人突围。这是让我受益一生的品格。

当了妈妈之后最大的误解，就是有了孩子要全身心扑在孩子的学习上，不再关注自己的成长，每天都在琢磨怎么给孩子补课、怎么给孩子提分、怎么把孩子送进最好的学校。唯独不在自己身上投资深造！

第七章

时间才是财富

别想孩子，先想自己

想一想

假设银行账户只有10万元的存款，请排列以下三项你愿意投资的顺序（　）、（　）、（　）

A. 房子的首付

B. 孩子的教育

C. 自己的教育

不知从什么时候起，买房是所有人投资的首选，非得有一所房子，才能感到家的安全感。在偌大的城市有了自己的小小一亩三分地，是那么重要。

奋斗多年后，终于在城里有了自己的房子，可是另一个揪心的问题又来了——孩子的教育问题。总是想给孩子提供最好的教育，到处打听怎么提高分数，其他孩子上什么课，有没有什么是自家孩子落下的。

折腾一圈，发现孩子厌学，报的课外班不爱上，学习成绩也没提升，真是赔了夫人又折兵。

想一想

回想自己小时候，你听大人说过哪些类似的话？（ ）

A. 我都一把年纪了，还学什么，要学也是让孩子先学

B. 我这一辈子就这样了，孩子可不行，得让他赢在起跑线上

C. 我就是吃了不会英语的亏，不能让孩子也吃这个亏

D. 我不是学习的料，咱家考大学就指望你了

有了孩子最大的误区，就是大人放弃自己，开始向下一代使劲。

欧盟执委会主席苏拉·冯德莱恩，精通英、法、德三国语言，先后拿下 2 个硕士和 1 个博士学位，她也是 7 个孩子的母亲，被誉为德国超级妈妈。1987 年，她在德国汉诺威医学院就读医学硕士毕业时，第一个孩子出生。1989 年，她在汉诺威医学院做助理医生，攻读哈佛大学的医学博士期间，第二个孩子出生。博士刚毕业的她，迎来第三个孩子的出生。跟随丈夫去美国斯坦福大学讲学，她的第四个、第五个孩子相继出生。1998 年，回到汉诺威医学院一边工作一边攻读第二个硕士文学学位时，第六个、第七个孩子相继出生。让很多德国男人无法企及的是，她 41 岁开始进入政坛，一路开挂，做过家庭部长、劳工部长、国防部长，然后直达欧洲权力顶峰的欧盟主席。

宁可给孩子报诸多培训班，也不愿意给自己报哪怕一个培训班。在家庭扩张的版图中，有要买的房子，有要学习的孩子，唯独没有要学习

成长的大人！

但如果父母不潜心成为一个学习者，不看书，孩子从哪里学会阅读？如果父母不成为一个虚心请教的大人，孩子从哪里学会热爱学习？如果父母不愿意暴露自己的无知，孩子从哪里学会努力？当我为孩子们的教育焦虑时，我总在问自己，我是不是在为自己的状态不满意而转移话题？

有多少人愿意投资房产、投资孩子，唯独不愿意投资自己。

在北京没有房子的我却是一个在自我学习上肯下血本的“败家子”，我总是在能力范围内寻找最好的课程来学。我攒下来的钱都花在自己的学习上。身边的朋友总是忍不住好奇打听我花这么多学费在自己身上到底值不值。如果你要拿一笔钱去深造，你最担心什么？

如果是消费，答案不确定，但是如果算作投资，一定值得！关键是如何看待花的钱，到底是消费还是投资？

妈妈投入时间看书，孩子怎么可能不爱读书？妈妈投资金钱进修，孩子在旁边感受着这样的家风，怎么可能不爱学习？我总是用这两句话来安慰自己。在“内卷”的“鸡娃”氛围中，我不可能一直淡定，毫无焦虑。

当了妈妈之后最大的误解，就是有了孩子要全身心扑在孩子的学习上，不再关注自己的成长，每天都在琢磨怎么给孩子补课、怎么给孩子提分、怎么把孩子送进最好的学校，唯独不在自己身上投资深造！

孩子需要的是时刻在一旁管教他的妈妈，还是一个活成一道光的榜样？请问一下你的孩子，他会给你答案。

从我创业到现在，最支持我创业的，最认可我创业价值的，不是客户，不是投资人，恰恰是我的孩子。

“你给妈妈创办的幼儿园打分，如果从 0 ～ 10 分，你打几分？”

女儿笃定地回答："10 分。"她说："妈妈一直从幼儿园办到小学再办到大学吧，因为你办的学校最好！老师最好！同学也最好！"

她明白我没有办法陪她写作业，她需要像我独立面对创业的困难一样，去面对学习的困难，她看到了爸爸妈妈没有停止上进和奋斗的脚步。"爸妈这辈子就这样了，你一定要好好学习"，我们不想用这个理由，让比我小这么多岁的孩子替我完成我没有完成的梦想。孩子出生的那一刻，不是所有的人生希望就从自己身上转移到孩子身上了，自己躺平，却对着孩子加油喝彩："孩子，你去奋斗吧！反正爸爸妈妈不行了，就指望你了，我们大人没有做好的事交给你来吧！"

没有陪孩子写作业的后果，就是有时候孩子会在写作业上犯错。记得有一次十一假期过后，女儿忘记写语文作业了，虽然老师没有批评她，但是她自己很难过，她问我："妈妈，你为什么不像其他同学的妈妈一样管我写作业呢？"

"因为妈妈相信，只要妈妈认真对待自己的工作，认真看书，认真学习，你一定也会！"

"真的吗？"女儿不确定地看着我。

"就算你忘记写语文作业，如果时光倒流，妈妈还是会选择相信你，让你自己来管自己！"

孩子不是帮我印证人生价值的附属品，更不是逆天改命、证明自己人生所有价值的工具人，而是一个我们因为爱而希望他成为自己的独立个体。

我真的不希望自己有了孩子后，就拿这个理由作为放弃投资自己的借口！

在儿子生病的艰难岁月，我也想为儿子放弃自己成长的机会，不想再工作了，更不想再深造了，只想静静陪着他。可是一想到女儿看到了我的状态，她会努力认真吗？如果她看到妈妈悲伤到放弃自己的成长，我又怎么要求她在生活中努力上进呢？

等儿子稳定了，我对自己说：“不要怕，如果终究有这样一天，他的到来就是在提醒我‘生命苦短，我要成长’。如果不成长，再长的时光也是等死的日子。”

进步，进步，再进一步，不仅是我需要这样的奔头，我的女儿和儿子也需要我先跑起来，我不能坐在地上，让孩子替我来跑属于我人生的比赛。

如果全家都是退步，退步，不停退步，在退步的列车上，我们让孩子做一个孤独前进的人，他凭借一己之力怎么扭转退步这趟列车？

哪里有人生的捷径呢？什么空手套白狼，什么一夜暴富，什么踩住风口？在最艰难的岁月，只有用最笨的方法才能走出来。脚印永远都是一步一个，不能跳跃，否则会摔跤。

最难的是投资自己。这就是股神巴菲特所说：“最终，有一种投资超过所有其他投资，那就是投资你自己。没有人能夺走你自身学到的东西，每个人都有这样的投资潜力。”这和金融巨头吉姆·罗杰斯的观点不谋而合：“我见过许多的人备受煎熬，只是因为他们没有弄清财富的基本原理。在最富足的投资中，最明智的投资是投资自己。”

怎么投资自己？

第一步，选择一个自己感兴趣的领域。

第二步，愿意为此花钱、花时间学习。

第三步，长期投资，而非短线投机，只有长期投资，才有真正有复利的投资回报！

多数人惶恐：“未来会有什么样的变化？”却很少有人思考：“未来有

什么是不变的？”

行业巨变由政策决定，我们控制不了外界，却可以控制自己，向外投资不了的那一刻，别忘了最值得投资的人是自己！

当我们对投资自己这个决定犹豫不决时，最好的方法是置身到更远的时间长河中，问自己以下 3 个问题。

我的决定对 10 天后会有什么影响？

我的决定对 10 个月后会有什么影响？

我的决定对 10 年后会有什么影响？

当年我开短视频直播账号这个决定，对 10 天后的影响是每天投入 1 小时的时间，如果没有多少人关注，会感到很沮丧；对 10 个月后的影响是，身边几百个人知道我，愿意支持我，也许我能收获第一个付费客户；对 10 年后的影响是，我留下了上万条的短视频和直播视频，也许用它们作为珍贵素材，可以出版人生中的第一本书。

系统学习家庭教育这个决定，对 10 天后的影响是花了学费，银行账户少了几千元的余额；对 10 个月后的影响是，我的孩子和亲戚朋友、身边人的孩子都因为我的系统学习而受益；对 10 年后的影响是，孩子们记住了有这样一个妈妈和老师为了他们去学习和改变，这个人数还不少。

投资自己，10 天后的影响很小，10 个月的影响也有限，但是 10 年后，就会与他人拉开差距。能穿越时间的东西，是一个人的坚守。

一生中最重要的投资，不是房产，不是孩子，永远是自己！

如果愿意，请写下你投资计划的 10 年规划。

____

____

最常联系的5个人决定了你未来的格局

想一想

早知道要当全职太太，为什么还要辛苦读书当“学霸”？

请打开你的微信，找到你最常联系的5个人，他们分别是

1. ____________

2. ____________

3. ____________

4. ____________

5. ____________

请把他们的年薪写在名字旁边，把他们的年薪汇总除以5，你得到的年薪是____________元，比你现在的年薪（　）

A. 多

B. 少

C. 差不多

你身边最常联系的5个人，决定你未来的收入水平，这是商业哲学家吉姆·罗恩发现的“五人平均值法则”。

啊？怎么可能？我现在是全职妈妈，还没有收入？我最常联系的5个人和我未来的收入有什么关系？

与你联系最多、相处时间最长的5个人决定未来我们的格局，想和谁接近，想成为什么样的人，决定你未来在哪里。所谓“近朱者赤，近墨者黑”。

“你最近在做什么？我能干什么，还是那样呗！”

“我最近在读 ×× 的书！”

“我正在进行 ×× 的学习和培训。”

“我最近在打卡跑5公里。”

身边的很多人好奇我为什么能知道那么多学习机会，去参加清华大学与高盛联合主办的巾帼圆梦女性创业班学习，去参加《中国企业家》杂志和北京大学国发院联合主办的木兰学院，去参加美国斯坦福大学举办的创业班，去参加长江商学院创业班的学习。这些学习机会都是身边5个最常联系的贵人推荐的，很多人的好运都是身边人带来的。

想要尽快开始一件不可能的事，就是把自己放在正在做这些事的人中。比如演讲，从小内向的我惧怕上台说话，我是小时候连别人踩了我的脚，我都不敢吭声的人。幼儿园老师对我的评价就是安静到没有声音，她无论如何也想象不到长大后的我以“说话”为生。

上小学我交到的第一个好朋友阳阳，就像阳光一样，影响了我一生的表达能力，她的口才、她的表达能力、她在班里的受欢迎程度，都在小学 6 年里默默影响着我。在她的影响下，我跟随她代表黑龙江省第一次到北京参加全国的“国旗、国徽、国歌知识竞猜”，那次比赛虽然名次不理想，但是我第一次踏上了去往北京的火车，去参观了北京那么多的大学，我决定长大了一定要在那样的校园里和大哥哥、大姐姐一样生活。

我比其他小学生多了一次来北京看大学的机会。小学毕业后上中学，中学后上大学，之后“学习”这两个字在我心里有了目标——到北京上大学，和我在北京的校园里看到的哥哥姐姐一样。于是，我在学习上不再需要别人督促，也从好朋友那里学到了“不害怕说话”精神。一个不敢说话的小女孩成为一个勇敢参与竞选的班长，从初中开始一直担任班长。

回想你的童年，影响你最大的一个人是谁？他给你带来了哪些改变？

小时候内向、不敢说话的我前后上过两次 TEDx 演讲，一次是在我的高中，一次是在我女儿的学校。作为唯一从事教育行业的校友，被当年的班主任、现在的校长邀请回母校做了一场关于教育点燃的演讲。我女儿的学校每年都会举办 TEDx 演讲，需要家长身份的演讲嘉宾，我把上一次演讲的演讲稿和照片发过去，比预想的更顺利地通过遴选。很多家长心里的想法是：“这是孩子的学校，怎么需要家长报名去参加呢？”“要让孩子上才行，和我有什么关系？”“我是个应该做好后勤工作的妈妈，怎么可能当主角呢？”当我第二次站在 TEDx 演讲的舞台上，分享了《世界需要妈妈做自己》的演讲，女儿看到了我的全程演讲，跟我说：“妈妈，我也想像你一样，要站在学校的演讲台上，讲自己的故事。”

想一想，有哪些事，你希望给孩子示范，影响他？

好学校之所以好，是你在其中结交了生命中的贵人。我回到母校中国人民大学参加了学校第一次举办的创业年会，在校友的助攻下，拿到了人生中第一笔投资。我第一次创业寻找的优秀人才，都来自我从小到大的这些校友推荐。创业第一次碰到困难，也是半夜跑到同学家里，请教对方，在对方的指点下走出困境。甚至新冠疫情期间转型做短视频直播，也是来自身边的贵人推荐。没有这些贵人圈的加持，贵人的热心推荐，就没有今天的我。过去身边的 5 个人，决定了我今天的样子；今天身边的 5 个人，决定了我未来的样子。

想一想

如果你可以选择，你希望身边的人是（ ）

A. 抱怨世界对自己不公的怨女怨男

B. 历经苦难依旧充满希望的乐天派

围绕在 5 个乐观的人身边，你会成为第六个乐观的人；围绕在 5 个自信的人身边，你会成为第六个自信的人；围绕在 5 个幽默的人身边，你会成为第六个幽默的人。

我带女儿去北京师范大学认知科学和学习实验室参与研究，正好等候的家长和孩子陆陆续续进来，无意间旁听了一对母子的对话。

“我好困，下午我要回家睡觉，你下午回家把作业写完！”

儿子还没来得及回话，妈妈又蹦出一句：“你怎么这么不爱学习！”

接下来妈妈自言自语梳着头发：“我这个头发好乱。”

儿子在一旁热心建议："弄直了就不会乱。"妈妈都没意识到自己翻了一个白眼："把卷发弄直，你傻啊！"儿子不再说话。

大人要回家睡觉，孩子在外面认真学习；大人不停抱怨，孩子在努力想办法；大人语言暴力，孩子在努力克制自己保持沉默。孩子有时候比大人难，他要在一个不愿意改变的环境中做那个唯一在改变你的人。他有时候的懈怠只是困惑，他有时候的偷懒只是迷茫，他有时候的彷徨只是孤独。

想一想

孩子最常联系的5个人分别是谁？你希望他们身上有哪些特质能影响孩子？

1.______________________________

2.______________________________

3.______________________________

4.______________________________

5.______________________________

孩子最常联系的5人均值，决定了孩子未来的样子。最好的教育，永远都是家庭教育。

你希望孩子拥有什么样的家庭教育？为此你和家人愿意做哪些改变呢？

换一种活法不难

在直播间遇到一位来自甘肃陇南的妈妈，她对孩子的学习特别上心，但是她总在反复强调：“我不是学习那块料。”原来卖化妆品的她，还有送快递的孩子爸爸，都被家里人说过“不是学习那块料”。当他们在大城市打拼时，孩子被留在了老家，跟着爷爷奶奶生活。他们从孩子 2 岁时就出来打工。现在孩子内向胆小，在班里不敢说话，不敢上厕所，不敢回答老师问题，她非常焦虑。

想一想

如果你是她，你会如何做？（　）

A. 把孩子接到打工的大城市，不管多苦多累，带孩子学习改变

B. 继续把孩子留在爷爷奶奶身边，攒钱给孩子交补习班的钱

C. 攒钱把孩子送到好学校，让学校替代自己培养出一个“学霸”

有多少人会选择A，有勇气把孩子接到身边？

按照现实条件去想的话，生活中到处是困难，外出打工要赚钱，所以无法陪伴在孩子身边，等钱攒够了，再用金钱来弥补父母不在的缺憾。寄托于爷爷奶奶、补课班和好学校，用金钱砸出一个光宗耀祖的牛娃，遗憾的是，金钱是换不来“学霸”的。

身边有哪些人一直被困在现实里，让你很着急？按照想的去生活，下一代才能走出上一代的疆域，“想不想”比“能不能”更重要！

“我又不像你，是学习这块料”，谁天生是学习这块料呢？学习从不是一件轻松简单的事。

我的先生出生在江西南昌市东乡县的磷肥厂，因为没有户口，一度上不了学，婆婆在校长门口哀求到一个宝贵的上学名额。后来，家人因为先生患有眼疾逼着他上中专。他一直告诉我，要照想的去生活，不要被现实困住。如果被现实困住，他一辈子就会因为眼疾走不出老家，更不可能考上北京大学。他决定按照想的去生活，他在报考中专之前把自己关在家里3天，不顾家人的反对，决定考高中，考好大学，改变自己的命运。当高考结束后，估分成绩并不高的他，非要填报北京大学志愿的时候，他的老师和校长急得跳脚，母亲和姐姐苦苦哀求，让他不要拿自己的未来开玩笑，“你这点分，怎么可能上北大？”

最终结果让所有人始料未及，他被北京大学社会学系录取了。当所有人都不敢报北大的时候，他敢报，就给了他考上的机会。他在老家一战成名，成为那所高中前无古人、后无来者的唯一一个考上北大的毕业生。过去20多年，老家有孩子填报高考志愿，还会打电话给他，请他出主意。

敢不敢想，能不能按照想的去生活，是他最吸引我的地方。

和他在一起之后，也唤醒了我儿时的梦想。我小时候喜欢写诗，喜欢看书，我心里的梦想一直是当个作家，在创业后我也没有放弃。我把创业当采风，说到企业赚钱利润的话题，看起来正襟危坐的我内心极度不感兴趣，但是一提到创业里的人和事，我内心的眼睛炯炯有神，我希望在文字世界里，让更多的人看到那些有血有肉、有情有义的人和事。我的第一篇全网爆文《有一种奢侈品叫爸爸》完成后，我不关心这篇文章带来了多少流量转化的利润，我更关心有多少爸爸看到之后，能陪陪自己的孩子。

靠着内心的兴趣，我把积攒了几年的书稿给了所谓的畅销书策划人看，他们看了几页就给我判了“死刑”：“你看看这本畅销书，你再看看你的稿子，差了十万八千里，怎么可能出书呢？文笔这么差，趁早干点更实际的事！”

“正是因为写不好才要写，如果写得好，就不需要写了。”每次女儿问我，我都会和女儿说这句话，“如果你上学学的都会，那就不要上学了，正是因为不会，所以才要学。”

过去的6年，我虽然写不好，但是一直坚持写，坚持到了我手头的图书合约已经排到后年。第一本书被中国家庭教育学会和中国出版协会评选为“百部家庭教育指导读物”，第二本书被第四届全民“书店之选”评选为社科类十佳作品，目前累计出版了10本书。到底是按照现有的去想（我不可能），还是按照想的去生活（我可以）？按照想的去生活，我想出书，我活成了作家；按照现实去想，我不会写，此生和作家梦想无缘。

哪有天生的好命，这些女性都是异于常人按照想的去生活。英国投资管理协会主席海伦娜·莫里西是9个孩子的母亲，也是管理着4000亿英镑资产的CEO。当25岁的她生完第一个孩子回归职场后，她遭遇了对职场妈妈的歧视:“因为你有一个孩子了，不能全部专注于工作！”这是领导不给她升职加薪的理由。面对不公平待遇，她果断离开了这家公司。在经过无数次的投简历、面试、被刷之后，她应聘到业界赫赫有名的牛顿投资管理公司。在她从小职员打拼到公司CEO这些年旦，她生养了9个孩子，大儿子考上了世界名校牛津大学，大女儿成为家喻户晓的英国流行歌手，没有人能想象她是如何平衡事业和家庭的。她为了鼓励更多女性成为领导者，成立了“30%俱乐部”，鼓励更多女性为理想而活。

你身边有哪些人在不断提醒你，要按照想的去生活?

老舍的夫人胡絜青，曾教导女学生们:“不要自负为女子，不要自命为女子。”她不仅是这样和学生们说的，更是这样做的。她在快50岁才开始学习画画，齐白石是她的老师，她观摩各派古画，终成中国画坛杰出的女画家。“我八十有七，不知不觉留下了几百张画，几百张字，像我的脚印，证明我没有白白地来到了人世。”

如果你不按照自己所想的去生活，总有一天你会按照自己所生活的去想。

从来不觉得自己天赋异禀，唯一不同的是坚决按照所想的去生活，绝不按所生活的去想。

是按照所生活的去想，还是按照所想的去生活?你来决定。

按照所生活的去想	按照所想的去生活
我文笔很差，写不了书	我想坚持写，直到我能出版第一本书
我口才很差，不可能做成短视频	我想坚持在短视频直播平台上分享

时间不是金钱

相亲时，有多少人上来就问:“每月挣多少钱啊？有多少存款啊？”好像这些数字能给自己未来的生活上一道保险。结婚时，有多少人希望房产证上加上自己的名字，希望那一个大红证能给自己的婚姻带来安全感。婚姻中，有多少人会为每个月给父母汇多少钱而标榜孝顺的程度，好像钱能代替儿女来表达那份孝心。

有了孩子之后，关于共同财产怎么分配、孩子上哪个培训班，吵得不可开交。

越不想在关系中讨论金钱，却越在金钱上栽跟头。

现在，请闭上眼睛，想着自己银行账户里的余额，留意你的感受是平静满足，还是焦虑害怕。

担心钱不够用而咆哮，因为财务危机夜不能寐，或因为得到一笔意外之财而欣喜若狂，金钱是一面镜子，总是不经意地透过它看到自己内心的恐惧。

恐惧什么呢？曾经自诩清高的我，因害怕向别人收钱，不敢跟别人谈钱，好像在关系中“谈钱”就像踩到地雷，一开口就会把所有的美好都炸飞了。

拿到毕业后第一笔薪水的我在银行做理财前的调查，被定义为“风险厌恶型”，后来的我却选择了最冒险的职业方向——自主创业。随着创业中的起起伏伏，伴随着银行账户盈余到负债不停转换，我才发现自己与金钱的关系有多别扭，明明很在乎，却装作不在乎，非要把自己放在清高的位置。创业路上最大的修炼，来自我与金钱的关系。

想一想

在你的印象里，你的父母对待金钱的看法是（ ）

A. 钱是丑恶、肮脏、罪恶的

B. 我很穷，但是我很好

C. 必须很辛苦才能赚到钱

D. 有钱人都是骗子

E. 憎恨别人有钱

F. 节省一分钱等于挣回一分钱

和金钱的关系来自童年，在潜意识中不自觉地随了爸妈的金钱观，钱是丑恶、肮脏、罪恶的，一有钱就变坏。一方面渴望金钱，一方面惧怕金钱，金钱成了既想要又不想要的纠结。直到我结婚了，和丈夫共同经营自己的家庭，才发现原来金钱关系在不同的人身上可以碰撞出不同的火花。

想一想

你不喜欢另一半的金钱观属于以下哪一种?

A. 追求最新款的新潮物品

B. 节俭，花钱仔细，明明有存款，但过得很清苦

C. 私藏小金库、不喜欢和另一半分享

D. 总是用钱要求对方证明爱自己的真心

当我天天想着“东西太贵”时，而另一半却天天想着怎样用上最新款的手机和电脑。虽然他当年的薪水不及我高，依旧没有阻挡他对美好生活的向往。我和他一对比，有了一种“我拥有很多钱，但我不配拥有更好的生活”的感觉，自己都被这一点惊到了。如果我不配，我看到的都是“我不配”的证据，我得出的依旧是“我不配”的结论，拥有再多的钱依旧让我的心理状态原地踏步，没有走出原生家庭的一丝一毫。虽然我长大了，但我心里还是那个胆怯、不敢说出自己需求的小女孩。

只有我相信自己值得更好的，对自己不吝啬，我才有机会、有能量创造更大的价值。于是我开始创业，把自己辛苦积攒几年的工资投资到第一个校区。当校区装修好，我的银行账户几乎快清零，那一刻，我发现我没有之前的焦虑、惶恐，取而代之的是平静、满足，因为我用金钱的能量换来一份可以启航的事业。在创业路上，盈亏几

轮，但我知道，钱没有离开我，它在外面创造了更大的能量，加持给了更多的人。

如果没有时间，人永远想不明白金钱到底意味着什么。

时间和金钱的关系分为A、B、C三类：

A. 无杠杆出售自己的时间换取金钱。打工人从早上9点到晚上5点，一次性出售自己的时间换取工资。

B. 有杠杆出售自己的时间换取金钱。多次出售自己的时间给更多的人，比如作为短视频博主，拍了一次短视频，被几万人看到了；比如书籍作者，写了一本书，被十几万人看到了。

C. 投资买别人的时间。比如创业者、企业家和投资人，通过投资其他人来获取更大、更长远的价值。

无论我们扮演着哪种角色，都需要深刻思考金钱与时间在人生中的真正意义。金钱，不过是流动的货币，它能买到物质，却买不到幸福。贪心如同登岛途中的陷阱，让我们迷失方向；慈悲心则是引导我们登岛的明灯。

金钱永远是中性的，在赏识它的人手里，会有更大的能量，运用它的人来决定它的善恶。马克·吐温说，如果你懂得使用，金钱是一个好奴仆，如果你不懂得使用，它就变成你的主人。

金钱可以是许多东西的外壳，却唯独不是里面的果实。

真正束缚人的不是金钱的贫穷，而是深入骨子的内心贫穷。内心贫穷，不相信自己值得更好的，所以不愿意投资自己，不愿意接受一丝一毫不确定性，不愿意承担投资的风险，更不愿意相信别人，不愿意投资别人，一辈子做金钱的奴隶，忙着省钱、赚钱、攒钱，带着银行账户上的余额入土，忘记除了钱之外，自己的心里向往着什么。

每当成功人士被问起成功的原因，多数人都会憨憨地回答，运气！

听上去成功的人故作谦虚，好像不愿意告诉天下人自己是怎么成功的，好像是天上掉馅饼恰巧砸到了他，让其他人产生了错觉："我怎么没有那么幸运。凭什么上天更厚待他们，而唯独对我这么吝啬？"

哪里是老天爷吝啬，明明是成功的人没有在自己和金钱的关系上纠结，始终选择主动让金钱流动起来，为自己的理想，舍得信任自己、信任别人，舍得花钱换取更美好的世界。金钱何尝不是能量，而运气是主动运用能量的能力、好运气，来自不吝啬和相信自己。

现在，关于自己和金钱的关系，你有哪些新的决定?

最好的家庭教育，是允许人可以在家庭中犯错，并且从错误中学习。如果人都不能在家中犯错，也不敢在社会上犯错，学习如何发生，成长如何发生，教育又如何发生呢？

多少人卡在第一步，不敢犯错。不敢犯错，不敢生孩子，错失了和孩子在世上走一遭的机会；不敢犯错，不敢进入婚姻，错失了和伴侣互相成长的可能；不敢犯错，不敢做自己喜欢的事业，过上了言不由衷、拧巴别扭的生活。

第八章

坚持到有希望

重复 7 次，就能看到奇迹

想一想

你认为以下哪句话最扎心？（　）

A. 同样的年纪，人家取得那么多成就，我到现在还一事无成，上天为什么这么不公平？！

B. 唉，人家的丈夫带孩子、赚钱两不误，我的老公不靠谱，赚不到钱还做甩手掌柜。

C. 人家的孩子那么懂事听话，我的孩子学习那么差，叛逆惹事，真的是倒了八辈子的霉，摊上这样的孩子。

D. 你看人家多瘦，身材多好，不像我这么胖，喝凉水都长肉！

这些让人情何以堪的比较，在深夜无数次击败了自己，夜不能寐，辗转反侧，想不通为什么，更想不通凭什么。

在儿子确诊罕见病之前，虽然陪他看病的过程曲折艰难，但全家每天都活在希望里。虽然在不同的医院和医生之间奔波很辛苦，但心里想着，只要努力，总会治好的。换了最新的药没有效果，就再换别的药。可是随着治疗，儿子的病情没有好转，各项指标都在下降，慢慢地连语言能力和咀嚼能力也逐渐丧失。在咨询了国内外诸多专家之后，发现儿子患了全球发病率仅有几千例的罕见病，一夜之间，我们看不到任何希望。

好不容易约上了一次专家会诊的机会，专家在视频中看着我和爱人焦急咨询如何治疗的样子，问我们：“你们是不是就这一个儿子？”当听到我们的回答：“不是，家里还有一个女儿。”我听到他长舒一口气，说道：“那就好，那就好啊！你家儿子永久不能恢复，你们不要抱太大希望！”

作为父母的我们，在满怀希望那一刻，听到好心人劝慰“不要抱太大希望”，在专家会诊的视频会议上，我忍住没让自己的眼泪掉下来。不记得是怎么挂断视频会议的，我只记得，晚上搂着儿子睡着后，爱人和我说的那句话，他说：“我们不是因为有希望才坚持，而是要一直坚持到有希望！”

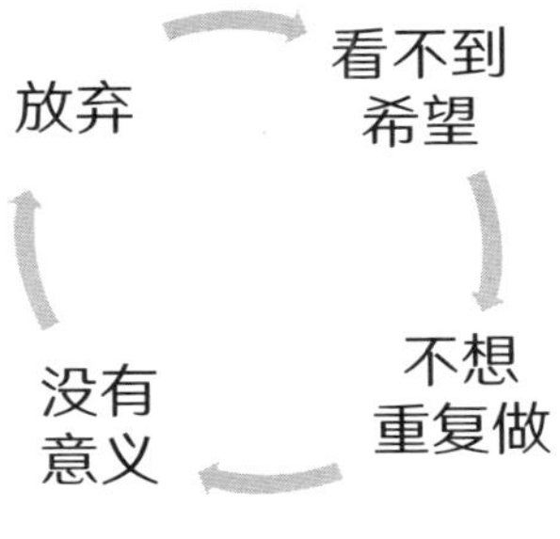

生死关头提醒我：作为一个人，我要如何活着。

总是计较这一次付出了却没有得到回报，总是拿自己和其他人比较，别人比我付出的少，但是得到的比我多。人生大把的时间，我都花在计较和比较上，总是想着要有最精致的投入产出比，我才出手。

日本设计师山本耀司说，“自我”这个东西是看不见的，没有什么所谓的自我，只有真真正正地撞上了些什么，才知道它是什么。

经历了行业大发展的风口，那个虚荣狂妄、目中无人的自己，也经历了事业和孩子同时坠入谷底时的绝望消沉。两个自己的对比，让我意识到了是我自作聪明想走捷径，我的吝啬和计较让我离既定的目标越来越远。人为标记的所谓好和坏不会帮助我彻底好起来，我不想人生在计算和比较中找不到出口。

收获鲜花、掌声和还债、看病这两者之间没有分别，都是我要做的事。正是因为没有希望，我重复坚持 7 次甚至 70 次，坚持到看到希望的那一刻，就是奇迹。

“人一能之，己百之。人十能之，己千之。果能此道矣，虽愚必明，虽柔必强。或生而知之，或学而知之，或困而知之，及其知之一也。”别人做一次就会，你要重复 10 次；别人做 10 次，你要做 100 次。比别人慢，没关系，结果是一样的，难就难在很多人在第 n － 1 次就放弃了。

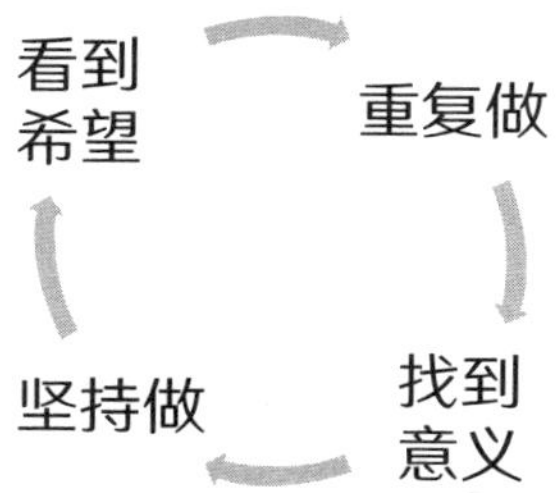

上一个不行，我要继续试试下一个，我不要次次都成功的幸运，只要一次尝试成功，就有了希望，就像尤斯塔西娅·卡特勒一样。

尤斯塔西娅·卡特勒是哈佛大学毕业的高材生，她和丈夫无数次憧憬未来有了孩子的情景。在全家人的期盼下，1947 年，她的女儿坦普·葛兰汀出生了，她从来没想过这个孩子会彻底改变她的人生。女儿刚出生没多久，她发现，每次抱她的时候她全身僵硬，任何平常的身体触碰和微小的声响都会令她痛苦地尖叫。女儿情绪暴躁，不会说话，生活不能自理，经常在家中把大小便抹得到处都是。她心急如焚，带着孩子四处求医。她想不通明明其他的孩子正常，为什么这个孩子她怎么都带不好。

那是在 20 世纪 50 年代的美国，人们对孤独症所知甚少，看了好多个医生，诊断结果一个比一个心碎。当她焦急地问患病原因，医生毫不避讳地指出，是母亲的情感忽视导致了孩子发病，大脑不可修复的永久损伤导致了精神分裂。这个孩子将终身生活无法自理，永远不能上学，只能把她送到精神疗养院度过一生。

想一想

如果你是她，你会如何选择？（ ）

A. 听医生的话，送孩子去精神疗养院度过一生

B. 不放弃希望，继续带孩子找到正常生活的希望

她带着女儿找到了全美最好的波士顿儿童医院，在那里，坦普最终

被确诊为终身无法治愈的孤独症。“什么是孤独症？”她蒙了。她一遍遍地请教医生，要怎么做才能让孩子好起来。医生没有给她想要的答案，在一片黑暗中，她开始了探索。因为坦普上不了学，她只能自己在家教坦普，一遍遍地教她说话，别的孩子轻松就能学会的说话，她足足花了4年才让4岁的坦普学会开口说话。坦普不能接受任何人触碰她的身体，连一个拥抱都无法接受。她一遍遍和女儿重复她怎么都无法理解的社会规则，一遍遍和她温习融入正常学校的礼仪，十几年如一日，重复去做她和女儿生活中最重要的事。

她总是告诉女儿，“你只是与众不同，而不是差于别人”。女儿只吃酸奶、果冻两种食物，被同学称为“怪人”和“复读机”。妈妈的重复鼓励让她走出了家门，碰到了改变她一生的老师卡罗尔博士。

卡罗尔博士没有嫌弃这个怪异女孩，他给坦普提供了宽松、自由的学习环境。在教她的过程中，他惊讶地发现，坦普有着惊人的天赋，上帝给她关了一扇门，但给她打开了更大的一扇窗。凡是见过的图片，坦普都能过目不忘，图像式记忆让她迅速掌握了比常人更复杂的知识图谱，也让她比其他人能够更快地思考。每次坦普想退缩的时候，卡罗尔博士都会鼓励她：“这是一扇门，你要做的就是下定决心穿过它，所有的门都通向新世界。”在老师和妈妈的连环助攻下，坦普成功闯过了一道又一道恐惧之门，从无法入学的特殊儿童，争取到去正常学校上学的机会。她作为自闭症特殊孩子适应了寄宿高中，考取了大学，1970年获取心理学学士学位，1975年修得了亚利桑那州立大学的动物学硕士学位，1989年获得伊利诺伊大学动物学博士学位。十几年后，坦普成为顶尖的畜牧业教授和专家，北美有一半农场都采用她设计的畜牧业专利装置。

当坦普登上 TED 演讲台讲述自己作为孤独症儿童的成长经历，根本无法想象，这是那个 2 岁被医生判了“死刑”，需要一辈子在精神病院度过的孩子吗？她敏捷的思维和展示的成就，实在让人无法相信。

“这个世界需要各种各样的心智。假如环境有利的话，孤独症患者也可以成为社会的贡献者，而如果缺乏理解的话，即使是爱因斯坦，假如他生活在今天，肯定会被认为得了孤独症，也会被埋没。”

我和爱人听着坦普在 TED 演讲的这一段，一下子不觉得孤单了。这个世界上，原来有那么多人，不是因为有了希望才选择坚持，而是因为坚持才看到了希望。在一次次命运的轰炸中，在抢救孩子生命的希望中，愿意用笨拙的坚持换来对其他孩子来说轻松就能达到的一个指标，愿意用爱去守护一个生命。

无法选择自己的命运，但依旧能在逼仄的命运中找出一道缝隙，笨笨地重复、傻傻地坚持，等着希望这一丝丝的光。

你身边有哪些人让你特别敬佩，不是因为他们取得成就，而是他们的坚持？你从他们身上学到了什么？

带着他们给你的力量，关于那些暂时看不到希望的事，你有哪些新的决定？今天愿意开始哪些行动？

犯错＝前进

想一想

陪孩子参加一场竞争激烈的比赛，还没轮到孩子上场，孩子看到对手很强劲有点泄气，垂头丧气地说："这次肯定完蛋了！"你认为以下哪句话能让孩子重新激发斗志、勇敢上场？（ ）

A. 看你这个怂样，还能不能给妈妈争口气？

B. 谁让你平常不好好练的？现在知道了，晚啦！

C. 你还能不能有点出息，拿出斗志来！

D. 他们有啥了不起，都不如我娃厉害！我娃最厉害！

女儿击剑比赛之前，打起了退堂鼓，面对强大的对手，她一下子慌了阵脚。我心里百爪挠心，上演了 A、B、C、D 四场内心大戏，但看着女儿低头泄气的样子，我一句话都没说出来。我知道，我说出来，只会让她感觉更糟，更孤立无援。在我不知道怎么做的时刻，我一直在想，如果是我，我希望我的妈妈怎么做?

“如果你一定会赢，那咱们为啥还需要来比赛？”我在女儿耳旁说着这句悄悄话，从来没想过这个问题的她当时一愣。

“对呀，一定会赢，为什么还要来比赛？直接捧着第一名的奖杯睡觉就好了，为什么还需要起个大早来比赛？”她突然间很兴奋，顺着思路一路推导自己的逻辑，“正是因为不一定会赢，所以才会来，因为不知道赢不赢得了，和同学们比赛才有意思。”

我笑了笑没有说话，目送着她出征。明明知道对手强大的她在当天比赛前半场失利的情况下，在后半场一次次追回了比分，拿回了一枚优秀奖的奖章。

女儿拿着优秀奖的证书，感觉比拿了第一名奖杯还得意。我知道，她真正开心的是她第一次战胜了自己，战胜了失败的恐惧。

过了几天，女儿放学后兴奋地和我说：“妈妈，我发现我上课会忍不住想举手问问题和回答问题，和之前不一样了，之前我太不敢了！”

我很惊讶，问她：“发生了什么？”女儿淡定地回答：“妈妈，我之前好怕说错，但我现在明白了，如果我什么都会，什么错都不犯，就不用来上学了！”

女儿不知道的是，她用我曾经说给她的话反向鼓励了我。

那时候的我，因为儿子的病，特别消沉，一直沉浸在“我是不是之前做错了什么，所以他才生病了”这种情绪里。在无数个深夜，我盯着天花板，一遍遍“倒带”回想养育儿子的每一个细节，“如果我那样做，会不会就不会发生这一切？”

在霍金斯情绪能量等级图中，沉湎于过去的错误中，只会带来“几近死亡，严重摧残身心健康”的死亡能量。

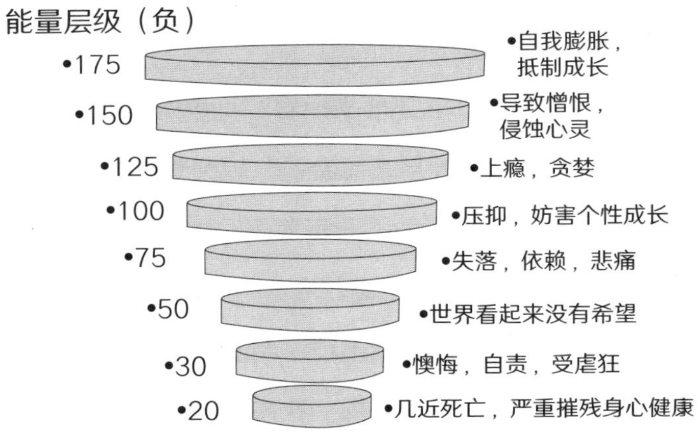

霍金斯情绪能量等级图

每次看到霍金斯情绪能量等级图，我都会告诉自己，没关系，犯错不是死掉了，还有机会，只要儿子还有一口气，只要我的情绪能量提高了一点点，我就可以带着孩子找到生路。

女儿把鼓励的话传回给我，如果我什么事都会面对，就不需要来这世间走一遭，正是因为我不会，所以上天给了我一生，让我来体验。如果什么都不经历，我离开这个世界时没有比来到这世界的那一刻进步，这一辈子就白活了。

想起我的办园经历，我亲眼见证了几百个学说话的小宝宝，哪一个不是从错误的发音学会了正确的发音；几百个学走路的学步儿，哪一个不是摔跤后一次次站起来才学会了走路。在幼儿园里陪伴几百个孩子成长的体验，让我知道没有什么比从错误中学习成长得更快。世界上没有任何人在成长过程中没有经历一点错误、一点退步就完成了蜕变！

女儿看到作业本和考试卷上的大红叉，总是兴奋地拿给我看：“你看妈妈，我犯了这么多错，我有这么多改正和进步的空间！”她考了76分，然后在日记上记录了丢失的24分给了她哪些经验。

我之所以没有吼她：“你脑子这么笨，这么简单的题你都算错了，你上课听傻了，我学费花哪儿去了？你对得起我吗？”是因为我和她一样，在成长路上也是会犯错的人，我也会在自己没做好的事情面前，恨不得钻到地缝躲起来，再也不想出来。面对“人生作业”和考试卷上的大红叉，我希望她能发自内心地庆祝错误，就像庆祝成功一样。

她的童年可以和我的童年不一样，我小时候错了一道题，会有100道题的惩罚，见到题宁可空着，也不敢写，“万一写错了怎么办？”这样的习惯延续到长大，能不发言就不发言，说得多错得多，我成了最安静的参会者。直到我有了孩子，我好怕我的一个错误会影响孩子的一生。我辞职成为全职妈妈，去读了儿童心理学的硕士和博士，好像我在对待孩子时要确保不犯错，孩子才可以存活下来。我创业后，依旧不愿意坦然面对自己的错误，会用一个错误掩盖另一个错误，直到儿子生病后，我无处可逃，在失眠的夜里，和自己的过去撞个满怀。

和孩子说这些道理很简单，要在自己身上践行“从错误中学习”太难了，大人比孩子更不愿意“从错误中学习”，因为大人比孩子更不愿意面对错误。

大人最容易犯的错，就是不敢犯错。因为不敢犯错，错失多少职业升迁的机会？因为不敢犯错，错失了很多次可以绝处逢生的机会？因为不敢犯错，丢掉了多少可以坦诚相见的关系？

前段时间接受教育行业媒体的采访，主持人夸我，说我走在时代的前列，在疫情后很快转型，如此有先见之明。

“不是因为我做得有多好，而恰恰因为我犯过太多的错，早年仓促合伙创业犯的错，后面激进扩张犯的错，盲目引进投资犯的错，不看大势政策犯的错，自大虚荣犯的错……是因为我犯的错和从错误中学到的宝贵教训，让我看起来走在了别人的前面。不是因为我优秀，而是因为我仅仅想活下来。”

对方一愣，从来没想过，看起来的光鲜面子都是用错误的里子缝起来的。犯错最大的好处，不是让我变得全知全能，而是我不害怕了 。当我把错误的路走完，剩下的路自然就是一条康庄大道。

想一想

当遇到前所未有的挑战时，你的转变是（　）

A. 无聊—遇到挑战—看到挑战很兴奋

B. 舒服—遇到挑战—看到挑战很痛苦

我在美国斯坦福大学学习时，施瓦教授从脑神经科学讲了人遇到挑战时会有两种截然不同的思维模式。

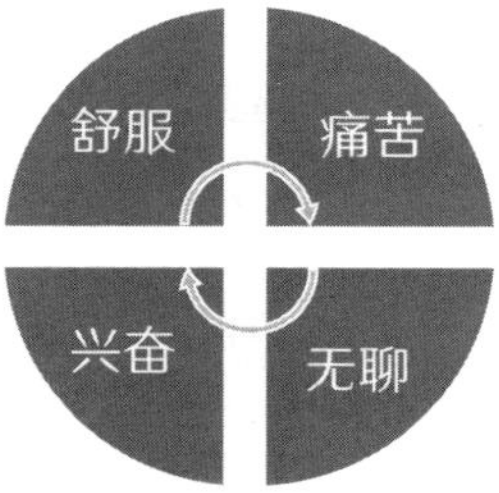

第一种思维模式，从舒服到痛苦。当遇到挑战时，随着挑战难度的

加大，身体感受到了前所未有的挑战带来的压力，血清素随之产生，但压力也带来了对错误的恐惧，而这份错误带来的痛苦也被铭记于心。

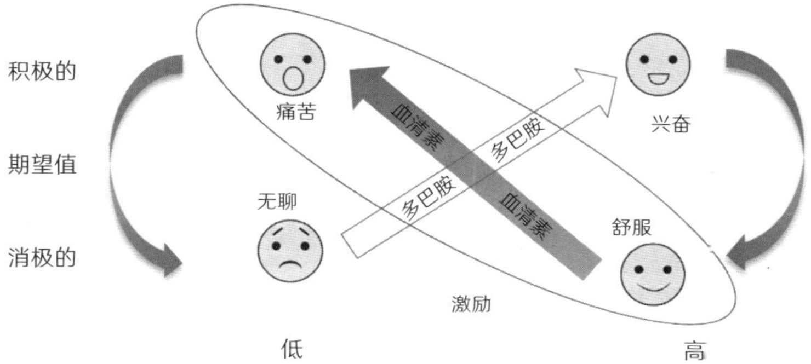

第一种思维模式

第二种思维模式，从无聊到兴奋。当遇到挑战时，无聊的状态被打破，人不想错过挑战。随着挑战难度加大，挑战者开始出现错误，但身体开始兴奋，产生多巴胺。挑战者会记住这份承受风险带来的快乐。

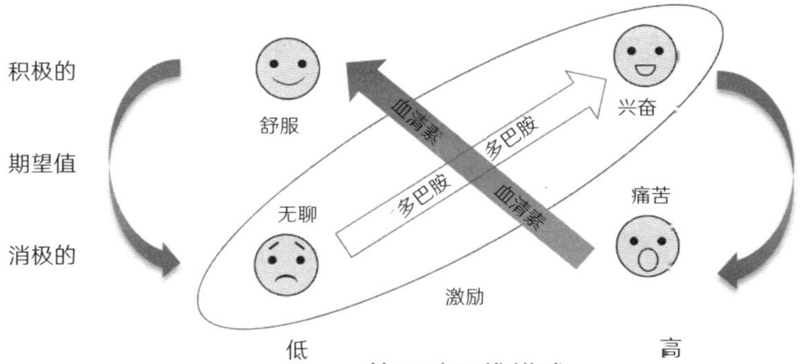

第二种思维模式

想一想

当遇到前所未有的挑战时，你希望未来的自己是（　）

A. 无聊—遇到挑战—看到挑战很兴奋

B. 舒服—遇到挑战—看到挑战很痛苦

作为人，怎么从第一种思维模式转变为第二种思维模式？怎么把面对挑战感到痛苦转变为兴奋？

施瓦教授研究发现，这种转变并不是人的性格决定的，而是由社会环境决定的，“当我犯错时，我会不会被惩罚”。如果不会被惩罚，就会形成第二种思维模式；如果被惩罚，就更容易形成第一种思维模式。

从痛苦到兴奋，中间隔着“对于犯错后接受惩罚”的预期。

回想童年，你印象最深的一次犯错是哪一次？如果能回到过去，你愿意对那个犯错的自己说什么？

我们之所以太害怕一次错误影响了自己的一生，是因为模糊了一个犯错的时刻和一生之间的巨大边界，忘记了时间的慷慨馈赠。现在的我们已经不再是被犯错那一刻吓傻的自己，我们已经长大了，曾经的错误不会延展至未来，过去的自己已经脱胎换骨成为现在的大人。

最好的家庭教育，是允许人可以在家庭中犯错，并且从错误中学习。如果人都不能在家中犯错，也不敢在社会上犯错，学习如何发生，成长如何发生，教育又如何发生呢？

多少人卡在了第一步：不敢犯错。不敢犯错，不敢生孩子，错失了和孩子在世上走一遭的机会；不敢犯错，不敢进入婚姻，错失了和伴侣互相成长的可能；不敢犯错，不敢做自己喜欢的事业，过上了言不由衷、拧巴别扭的生活。

人生不是只有对错的单选题，而是犯错后可以找到更多选项的多选题，我相信每个错误中都有能学习和改进的点。请每天和孩子讲 3 个你犯的错误和从中学习到的宝贵经验！

1. ______________________________

2. ______________________________

3. ______________________________

角色反转，也请孩子分享最近犯的 3 个错误和从中学习到的宝贵经验吧！

1. ______________________________

2. ______________________________

3. ______________________________

身体从来没放弃

想一想

你有没有下面这样的想法？（　）

A. 下辈子再也不想做女人了

B. 经历剖宫产后打死也不生二胎

C. 每个月要经历流血好烦

D. 喂奶时乳头皲裂比生孩子还痛

E. 放置宫内节育器，太可怕了

花几分钟，闭上眼睛，回想这些念头，是从哪里开始的呢？

回想第一次看到女性长辈上卫生间“流血”时的场景，那个场景中，你收获了哪些关于月经的信息？

“第一次看见妈妈上厕所‘流血’，我很害怕，问妈妈怎么了，她狠狠地瞪我，让我出去。她没有回应我，让我误以为她是生病导致的‘流血’，担心她会不会死。”

这是在米来妈妈私塾课上一位学员写下的内容。很多人在对月经产生初次的朦朦胧胧的认知时，自己都没有觉察到不经意间将月经与死亡画上了等号，在心中种下一个念头：来月经可能会死！

社会学家珍妮丝·德莱尼、玛丽·简·卢朴顿、艾米丽·托斯在《诅咒：月经的文化史》中提到月经代表走向死亡的被动性。

因为在恐惧面前，身体从来都不会撒谎，痛经的背后是害怕死亡。从来没有想到过，原来身体是我们最好的朋友，从出生到死亡，其他人都可能离我们远去，只有身体一直不离不弃地陪伴。

如果给你的身体写一封信，你会写什么？

我们对身体这个朋友太残忍了，每天只要照镜子看到它，就在不停嫌弃它、诅咒它：这儿太胖，那儿太黑，恨不得每天都要减肥，不停地攒钱要去整容，直到身体出问题了，才不得不在医院冰冷的检测仪器和化验单上好好看它。

当你生病的时候，你会如何看待疾病？

病是一种决定，你想让它是什么，它就是什么！如果你想让病成为毁掉你生活的绝望，它就是绝望。但如果你想让病成为改变人生的线索，它就是线索！

我的整个青春期，皮肤经常会莫名其妙地起疹子。长大后我才明白，作为没有叛逆青春期的乖乖女，我总把别人的感受当成自己的感受。皮肤作为人体最大的器官，当皮肤出问题时，它宣告着我与其他人的界限出现了问题。当心理被入侵，皮肤就容易起皮疹，它多么像无法守住的心理边界。皮肤是我的界限，皮疹替我发声，身体有东西要冲破界限出来，要冲破“心理的皮肤”跑到外面来，这个东西被称为愤怒。

愤怒是女性最禁忌的情绪，海尔·布伦在《女性的自传》中如是说：女性愤怒不好，但是恰恰忘了因为有愤怒，才有了人与人的边界，人与人才没有绞杀在一起。因为有了愤怒，才有了相处的边界。

想一想

你觉得自己胖吗？需要减肥吗？（ ）

A. 胖，需要减肥

B. 不胖，不需要减肥

不管我们体重多少，都觉得自己胖。谁定义了胖瘦呢？回想第一次有人说你胖，发生在什么时候？

英国心理咨询师苏西·奥巴赫在《肥胖是个女性主义问题》中提到“肥胖是一种反叛”。

一位学员讲述了困扰自己的故事，刚刚生完孩子的她经常被人误会自己还在怀二胎，她也不明白自己为什么就是减不掉肚子上的肉。在课上她回想起自己的小时候，她的爸爸妈妈一直拒绝和她睡在一起，她童年的经历是去爸爸妈妈房间，怎么都敲不开门。她不希望自己瘦下去，是因为害怕异性之间的吸引力，让她和丈夫把孩子关在房门外，她不希望小时候自己孤单敲房门的场景在自己的孩子身上上演。

关于减肥，你有哪些新的决定？

自从创业以来，我的胃总会莫名其妙地不舒服。胃是容器，焦虑和紧张会让胃难以承受。在创业最艰难时，胃的问题最严重，在疫情期间，我直播前有时候会因为压力过大而反酸呕吐。疫情期间的内忧外患，让我无法表达攻击性，攻击性就会转向自身，胃就会出现各种不舒服。胃替我承载了所有的攻击性，胃溃疡是攻击性这头“野兽”留下的痕迹。

发生车祸前的我经常低血压和心律不齐，低血压会让人缺少活力，是因为那时候的我是个标准的老好人，为了避免冲突，凡事都妥协回避。但是车祸后我一下子重新活过来，没有那么严重的低血压，我不再回避冲突和矛盾，开始面对人际的冲突和以前我不敢面对的矛盾。心律不齐常常发生在极力维持和谐的人身上，正因为人不能为情所动，所以其心脏才会乱动，才有心律不齐。当我们可以向别人表达需求，不管对方接不接受，我们表达完毕，就有一股自洽感油然而生。

中考和高考前我都有紧张性头痛，那是身体告诉我好胜心就像孙悟空的紧箍咒一样在困扰我。尤其在大考前，头痛就会加剧，头脑中出现一个“唐僧”，自己和自己较劲，头痛不止，只有放下头脑中的好胜心，头疼才能减缓。所有头痛都来自我脑海中的父母，虽然我的父母已经离我千万里，但是在我的脑海中，总会响起他们的声音，这个声音和内心的声音对抗后就会引发头痛。

原来，想不通的心理问题都会通过身体给出答案。

我们经常被教育，在危难的时候要努力，要去克服困难，其实你并不知道，你身体里的细胞，比想象中还要努力。人体每天会有 3300 亿个细胞死亡，但同时也会有 3300 亿个细胞新生。在危急时刻，所有的细胞都在为你拼命，拼命到最后一刻。即使你自己放弃自己了，但你的身体仍然没有放弃你。身体比你更懂自己，它还没放弃，你也别放弃。

请用“对不起”“谢谢你”“我爱你”这三个关键词给自己的身体写一封信。

亲爱的身体，对不起，以前我总觉得你不够好，嫌弃你的背有点驼，脖子不够长，手臂不够纤细，肚子不够平坦，腿不够长。我总是拼命减肥，想各种办法遮住你，不被别人发现。

当我知道你陪我一起孕育了两个小生命，当我抚摸肚子时，我才知道原来你一直陪着我。此刻，当我再照镜子时，我终于觉得我的身体有着独一无二的美。是你陪我，不为取悦他人，只为做自己。我从来没有发自内心感谢你，从我是孩童起到成为母亲，多亏有你不离不弃，包容我的暴饮暴食，接纳我对你的不接纳，允许我经常用减肥的宣言嫌弃你。谢谢你无条件的爱，谢谢你不离不弃，谢谢你。

我爱你，爱你不平坦的肚皮，爱你有点下垂的苹果肌，爱你身上的伤口，爱你拔掉的智齿，爱你上翘的头发，爱你的一切。

和孩子一起进行下面关注身体的练习：

让孩子平躺在垫子上，把胳膊放在身体两侧，手掌向上，给孩子一点时间调整到舒适状态。请孩子轻轻闭上眼睛，想象一只小小的蝴蝶，它友善地落在自己的右大脚趾上，停留了一会儿，蝴蝶扇着翅膀飞到空中，轻轻地落在自己右膝盖上，在那儿停留了一会儿，再次扇着翅膀飞到空中，轻轻地落在了自己的右大拇指上，在那儿也停了一会儿。它友善地落在自己的右大脚趾上，停留了一会儿，轻柔地落在右边的肩膀上，在那停留了一会儿，轻柔地落在自己的眉心。它友善地落在自己的左大脚趾上，停留了一会儿，蝴蝶扇着翅膀飞到空中，轻轻地落在左膝盖上，在那儿停留了一会儿，再次扇着翅膀飞到空中，轻轻地落在了自己的左大拇指上，在那儿也停了一会儿。它友善地落在自己的左边的大脚趾上，停留了一会儿，轻柔地落在右边的肩膀上，在那停留了一会儿，最终轻柔地落在自己的眉心。让孩子在静默中放松一两分钟，允许孩子享受此刻的安静。

请记录孩子的感受。

学会自嘲，丢掉人生的包袱

想一想

如果你开始做短视频直播，看到下列评论区留言，哪些会让你不舒服？（ ）

A. 孩子长成这样，还让他出镜拍视频，丢不丢人！

B. 显摆什么，没见你家孩子考第一，还好意思坐那里说！

C. 名校毕业，出来做直播，混得也太差了。

D. 把我家孩子扔给你，你也带不好，真是站着说话不腰疼。

短视频直播平台是一个浓缩的世界，现实生活中的人言可畏，集中在一小块屏幕上爆发，因为不显示真实姓名，评论区里集中了很多不负责任的言论。作为成年人，看评论区，需要一颗特别强大的心脏。

想一想

面对负面的舆论，你会让孩子看到残酷的评价吗？（ ）

A. 会

B. 不会

疫情期间，我和女儿一起在短视频直播平台上合作拍家庭教育的段子，因为赶上了平台红利，再加上我和女儿自嘲自黑的特质，累计的作品播放量过了2亿。但每次看到涉及女儿的负面评论，作为一个母亲的本能，我总是想办法不让她知道。

有趣的是，越想隐瞒，就越容易被发现。终于有一天，女儿无意间看到了评论区的负面评价，她不解地问我，“妈妈，他们为什么会这样说我呢？”

我飞快地在脑海中想着怎么回复她，突然有一个词从我口中蹦出来：“投射”！

女儿问我：“什么是投射？”

“将自我被压抑的欲望转移到他人身上，借评论他人来间接表达”，女儿一听心理学专业词汇的解释，直接“蒙圈”，还是不明白到底什么叫投射。

我灵机一动，打了一个比方：投射就像黑暗中的探照灯，评价你的人就站在这盏灯后，他拿着这盏灯照着出现在他眼前的另一个人，这盏灯打出什么样的有色之光，他自己说了算。

女儿听到这，用手和我比划起来，“他照着的人是我，但照的东西属于他”。说完，小家伙转身去写作业了，原来是我想多了，女儿哪有我想的那么脆弱，我也没有自己想的那么矫情。

孔子在《易传》中总结万事万物皆有阴阳，所谓“一阴一阳谓之道”“阴中有阳，阳中有阴”，喜欢里有讨厌，讨厌里有喜欢，一切都是掌灯之人的投射，不在我的手里，更不在我的心里。

正如阴阳八卦图展现的，在白的那一半，永远有一个黑色的圆点，在黑的那一半，永远有一个白色的圆点。“阳从阴内生，阴从阳内生”，被人喜欢，就等于被人讨厌，不指望所有人都喜欢自己，才真正有人喜欢。当内心忠于自己的时候，才能忠于世界。

日本作家岸见一郎在《被讨厌的勇气》中用最通俗的语言这样形容：被讨厌是很痛苦，但是，不被任何人讨厌的生活极其不自由。真正的自由，是拥有“被讨厌的勇气”。比世人目光更可怕的，是那颗在意世人目光的心。因为在意别人的目光，将永无自由。

和女儿讲这些大道理，都不如我和她讲我过去的挫折故事。搬到海南后，我们总是在夕阳下一起手拉手散步，在散步时，她听我讲我的那些遭遇挫折的故事。

“女儿，妈妈曾很怕别人的评价，大二的时候学校举办主持人比赛，我在台上忘词了，我整整3天没有出宿舍门；曾经为了不引起别人的非议，迟迟下不了决心和男友分手，足足拖了大半年；去美国工作，在异国他乡受不了他们对我这个黄种人做事有点着急的挑剔眼光，总是不敢为自己争取权益；第一次创业，碰到了合伙人分家，彻夜为外面的流言蜚语失眠睡不着觉；融资不顺利，甚至听不进去任何人对我的中肯建议。妈妈最苦闷时，爱上了看脱口秀，看着那些中外脱口秀演员站在台上，把自己的缺点和糗事抖出来自嘲，那种坦然，让我神往。”

女儿和我第一次看脱口秀时一样，深深着迷了。我知道，她为了弟弟搬到海南，作为转学生，要重新适应一所全新的学校，面对他人评论的压力，一点也不比我少。

我和女儿一起看了脱口秀，和我一起把我很怕别人说的心事分享出来，第一次自嘲，突然感受到了莫名其妙的力量。

别人评价（阴）	开始自嘲（阳）
女司机开车就是弱！	送老公去飞机场，他人还没上飞机，我返回时就跟别的车追尾了，最后把被追尾的司机变成了老公的客户。
事业强的女人，家庭不幸福！	我的创业项目虽然这么弱，但能让我的家庭更幸福。
你还是老师呢，自己孩子都带不好！	带不好孩子，是我转行到教育行业的动力，光业余时间学不行，想把工作时间也用起来。

最不堪的过往、最难以启齿的弱、最怕别人知道的黑历史的阴，那里面藏着最有力量的阳。真正打动人心的不是一直向阳，而是如何化阴为阳。

“童话大王”郑渊洁接受访谈时谈到自己为什么写童话，他自嘲道：“我是懦夫，不敢像刘胡兰那样为改变世界献身，就通过写童话逃避现实。”当问他“为什么创办《童话大王》月刊”时，他居然回答：“我心胸特别狭窄，已经狭窄到不能容忍和别的作家在同一报刊上同床共枕。”当听到有人赞美他：“你一个人将《童话大王》月刊写了20年，不可思议。”他又回复道：“这是懒惰的表现。写一本月刊写了20年都不思易帜，懒得不可救药。”

女儿听了郑渊洁的故事，开始学着用自嘲的口吻回应：“我是长得丑，所以要好好学习，打算用学习给自己好好整容！”她从自嘲中获得了心理的解放。

敢于评价别人的人很多，敢于坦然面对自己缺点的人不多，自己放过自己，才会放过别人。

和孩子一起尝试把让孩子苦恼的负面评论改为自嘲的说法，问问孩子说出来的感受怎么样？

自嘲先于天下人之先，率先释放对自己的失望，给自己的心灵触底反弹的空间，没有偶像包袱，就能轻装上阵。罗曼·罗兰在《米开朗基罗传》中说，世上只有一种真正的英雄主义，那就是认清生活的真相后依然热爱生活。

我愿意让受伤的地方成为我一生的力量，当下一次受伤时，我不再想逃避它，我想静静地坐在这里，看看它的模样，静静地等它给我力量。

受伤不是力量的终结，而是力量的开启。

第九章

做得不够好？没关系

让自己的长板长出天际

“师姐，晚上好！我一直关注您，却没有机会找您聊聊。我和师兄是北大社会学系的校友，我毕业后一直做教育行业，主要以学科教育为主，现在宝宝8个多月了，我想转型做家庭教育，不知道是不是有机会和您聊聊。”假期我收到了师妹的消息，一看到“家庭教育”4个字，我的眼睛一亮。

她提到最多的就是专业，“师姐，我不专业，适合做家庭教育吗？”“我不专业，怎么转到这个领域呢？”找我咨询职业发展的女性，强调最多的就是专业。

专业是一个审判官，决定了职业转型的生死。

我毕业于中国人民大学哲学系，按照专业的话，我应该找一份与哲学相关的工作，可是上哪儿去找一份与哲学相关的工作呢？在我上大学时，热门专业的实习单位都是中国人民银行、四大会计师事务所、电视台和律所，而哲学专业的实习单位是白云观、白马寺等宗教场所。

毕业后我的第一份工作，去了西雅图的互联网创业公司。在我参加面试的时候，我不知道这位远在美国的老板为何选择了我这个专业不对口的中国实习生。我通过了只有短短十几分钟的面试，和“专业”两个字相差多远，我不自知。

我只知道在国外工作的日子，我主要的工作职责就是接待来自中国的客户，包括中国客户家的孩子。每次老板和中国客户聊天，为了保证会谈顺利，他们都会请我来看孩子。当时的我未婚未育，也不知道为什么孩子们天然地就很喜欢和我一起玩。奇怪的是，当在机场送别中国客户时，孩子们都拉着我的手，不肯放开，我只能在慌乱中随手找一个信物，给孩子留个纪念。那一刻，也不能说我专业，我只知道我比我想的更喜欢孩子！

2011 年 5 月 15 日，异国他乡的一个下雨天，我被一辆黑色 SUV 撞飞了。时隔多年，我仍然记得，当我被撞的那一刻，眼前一片空白，我不确定自己是不是还活着，但我听到了一个声音，从很遥远的地方传来，那个声音是“我想要有个孩子”。

这是我活了 24 年第一次听到自己内心深处的声音，我不记得自己是如何从地上爬起来坐到路边等待救护车，我只记得脑海中这个声音一遍一遍地响起，“我想要有个孩子”，越来越清晰、越来越坚定。我婉拒了老板让我留在美国的好意，不顾周围人的反对，还没有等伤完全恢复，我就坐上了回国的飞机，拉上爱人，光速领了结婚证。因为周末的婚礼档期被预定了，我便选择在工作日办婚礼。仓促办完婚礼后，我发现自己怀孕了。

更糟糕的是，在有了孩子之后，虽然我满腔热情想做好妈妈，但我不知道怎么面对孩子发脾气，不知道如何给孩子选幼儿园。我开始走上学习之路，攻读儿童发展与教育心理学硕士和博士，我也不敢说自己有多么专业，能解决多么复杂的问题。

想一想

在你心里，什么是专业？（ ）

A. 有学历证书背书

B. 工作经验积累

C. 行业地位的头衔

D. 客户高度认可

我问过很多想从事家庭教育的人，他们的回答都不相同，即使把A、B、C、D都选上，好像也不足以证明自己是专业的。

我陪同《正面管教》一书的作者简·尼尔森博士在北京做了一场有700人参加的讲座。在讲座结束后吃晚饭时，我问了她一个我特别关心的问题，那就是什么样的人可以做传播家庭教育知识的工作？

“只要会喘气的人都可以。”她认真地和我说。

我愣住了。看着我迷惑的样子，她接下来的话让我更加意外：“我曾经也是一个失败的母亲，我的大儿子离家出走，和我的关系很糟糕。我写这本书不是因为我做得有多好，而是我做得不好，我学到了这么多帮助我的内容，我想分享给你，我相信你也可以分享这些内容给更多的父母。”

至今过去了很多年，我还记得她认真看着我的那双眼睛。是的，我愿意做这样一个喘气的人来传播家庭教育知识。为此，我愿意放弃其他职业，不管那些职业有多么赚钱、多么火爆，我想专心在家庭教育领域深耕，直到生命的最后一刻。

那一刻，我第一次确定，原来专业不是外在的结果，而是内心的选择和向全宇宙发出的真诚愿望。

愿不愿意为了家庭教育这一棵树，放弃整片森林？我在家庭教育领域工作了整整 12 年，12 年间我见证了这个领域的人来来走走，也见证了留下来一直坚守的战友成长为什么样子。专业和能力都可以慢慢修炼，但唯独选择不可以慢，人不能什么都想要！读大学时，我们的教授经常在教室里反复说，“人的成长就是不断自我削减可能性的痛苦过程”，一个使命，一心执着。

想一想

如果把人比喻成水桶，盛多少水是由哪块木板决定的？（ ）

A. 最长板

B. 最短板

短板决定了能装多少水。大多数人提到自己，都是担心自己不够好，总是盯着自己的缺点和短板，恨不得把所有的短板补齐，才能准备好出手干事业。

在很长一段时间，我很害怕被别人看穿自己的短板，比如我资历不够老，拿的证书不够多，在一线教学的时间不够长。

可如果转换一个角度，把水桶倾斜呢？答案会不会不一样？

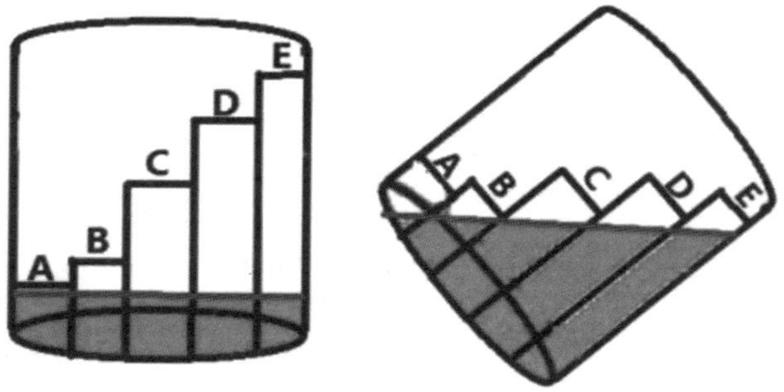

决定水桶装多少水的，就变成了水桶最长的板子。如果允许用其他板互相拼接呢？

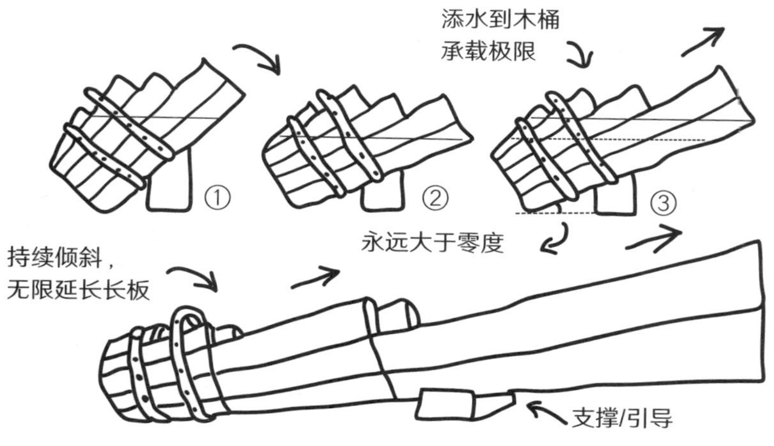

新木桶原理：木桶能盛多少水不在于短板多短，
而是长板多长

那就变成了长板越来越长，能装的水越来越多！

谁说水桶一定要平着放，也可以斜着放，让长板长出天际。

我不再纠结自己考了多少证书，也不会苛责自己一定要完成什么样的学历，更不会那么容易受周边人的影响，我把“写作”长板发挥到极致。从小寒暑假我都在写作中度过，小学毕业我就申请加入了中国小作家协会，少年几乎所有的时光都在书店和图书馆中度过。小时候最开心的事莫过于自己写的作文获奖，投稿的文章发表。进入家庭教育领域，我有一根笔杆子，我可以将我看到的幼儿园发生的家庭教育故事用老人都能看懂的文字表述出来，让更多的人看到孩子的样子，我可以将我在心理学课上听到的晦涩难懂的知识通过我的解释，让忙碌的父母更容易理解。我可以将我在国外学到的世界最前沿的育儿方法翻译引进国内，让中国的家庭教育也可以汲取国际资源。

2018 年，我出版第一本书《超级父母时间管理术》；2019 年翻译第一本书《RIE 育儿法》；2020 年带着一线早教老师编撰了《心早教》共 3 册书，翻译了《全脑教养法实战指南》；2021 年出版《给孩子的 36 招时间管理术》；2022 年带着团队里一线的家庭教育老师出版了《陪孩子走过 0—6 岁关键期》《屏幕时代的教养》；后面还会陆续出版《小学生时间管理秘籍》和《给孩子的 36 项时间管理练习》，以及青少年读物。

与其揪着短板不放，不如让长板长出天际，你更需要的是做一个选择，许一个愿望！

在你选定进入的专业领域，你潜在的长板是哪些？如果让你从中选一个你愿意花时间、花精力让它长出天际的，你会选哪一个？

小时候看《西游记》，百思不得其解，明明去西天取经，孙悟空一个跟头十万八千里就到了，为什么如此费力经过九九八十一难，为什么唐僧老被人抓走，为什么猪八戒老捣乱，为什么需要沙僧这个多余的人天天喊两句话：“大师兄，师父被妖怪抓走了”“二师兄，师父又被妖怪抓走了。”

自从做了妈妈和创业后，再回头看才明白，曾经以为自己是无所不能的孙悟空，上天入地，降妖除魔，七十二变，带孩子和创业两不误，不用他人帮忙，一人可以搞定所有。但其实自己的本性是猪八戒，会害怕、想偷懒、会退缩、想舒服躺平。

唐僧刚开始什么都没有，但凭着一念执着，坚定地要到西天取经，为此唐僧发了个愿，在一个“难”又一个“难”里熬。一路上，他哭过、绝望过、软弱过、求救过，因为没有放弃，因为坚持时间足够长，一路上都有人来帮他。

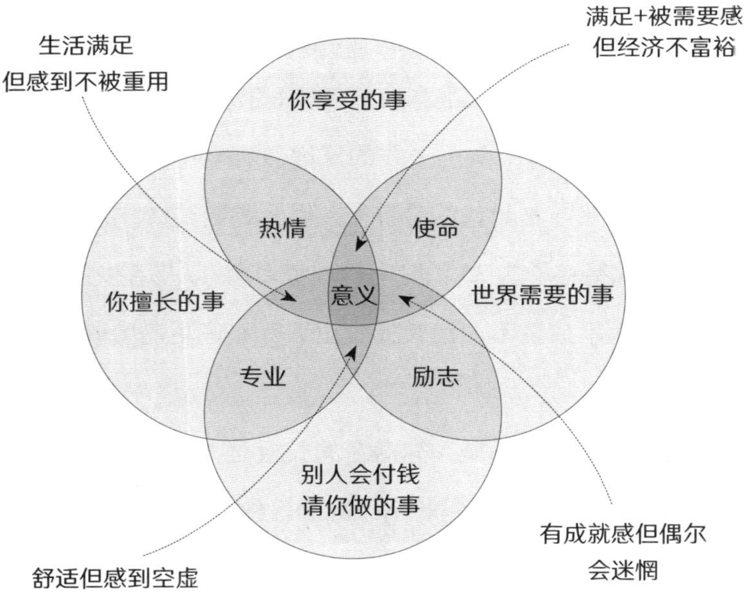

如果没有发生车祸，我可能会浑浑噩噩地在美国过一眼看得到头的舒服的移民生活，但经历了车祸，如愿成为母亲后，我找到了愿意投入一生的事业——为中国的家庭教育事业奋斗终身。

一心执着，振动十方，默至极致，自有气象。

受过伤才更有力量

想一想

假设44岁的你碰到如下情况：

A. 创业失败，负债百万

B. 凌晨4点睡梦中被老公赶出家门，要离婚

C. 第二天一早宣布公司破产，需要遣散赔偿100多位员工

D. 被媒体选为“年度十大最差的CEO”

如果A、B、C、D同时发生在你身上，你还敢再次创业吗？还敢想象10年后能够创业成功，身家百亿吗？

这就是朱莉·温赖特的故事，她在哪里跌倒，18年后就从受伤的地方爬起来。她回忆起44岁受到破产和离婚的双重打击时这样说：“当时我简直生不如死。”她创业失败负债百万，凌晨4点被老公赶出家门后，

第二天还需要打起精神遣散赔偿100多位员工，面对被媒体评选为“年度十大最差的CEO”的舆论压力，她也曾经想过放弃。

伤痛是后天长出来的最结实的力量，以前无感的地方，因为受到过伤痛就会变得敏感，能感受到更多常人感受不到的痛，才有了更多的力量。

在经历这一连串的失败后，朱莉·温赖特年过半百，已过了知天命的年纪，开始第三次创业，创办二手奢侈品寄卖网站The Realreal。网站刚开始上线，质疑声依旧没有减少，她知道逃避它们，就是逃避成长。面对这些质疑，她不再抱怨和解释：“不是我的错”“为什么发生在我身上”。她想让自己从伤痛中爬出来，摸摸伤口，看着它说：“你想告诉我什么？我能从中学到什么？”她从之前创业的伤中找到力量，在她62岁时，这个在其他人看来早已经退休、风烛残年的年纪，在第一次创业失败的18年后，她带领公司成功上市。

在创业路上最让我有力量的不是春风得意之地，永远是窘迫受伤的绝望之谷。

A. 完全不懂幼儿园招生，又不敢厚脸皮发传单，在商场迟疑着不敢发手上那一叠要被汗涸透的传单

B. 在前台接待家长时被骂哭，感到非常窘迫；为了说服老师加入我的团队，坐在她家门口等她，担心她再一次拒绝我而惶恐不安

C. 书稿被“专家”认定“就这文笔和文风，这样的书出版不了”

D. 好不容易写了一篇文章《有一种奢侈品叫爸爸》被全网转载，但被隐掉了我的姓名

E. 销量破百万的爆款网课不到7%的分红，想争取更多分红，拿着

课程协议却发现全是隐藏的霸王条款

F.疫情期间线下亏损几百万元倒逼我坐到了0人观看的直播间；带孩子拍视频，被人质疑会带坏其他妈妈

在创业的这些年里，大大小小的受伤时刻成就了现在的我。早年的合伙人分家，鼎盛时期的盲目融资，连续引进职业经理人的失误，疫情后几百万元的负债，在面对自己伤口的低谷里，我看到了血淋淋的自大，我感受到了自以为是的傲娇，我听到了虚荣的靡靡之音。在最疼的那一刻，眼泪每晚涌出的那一刻，我好像听懂了它要告诉我什么。

这些伤在告诉我：

- 我看到自己受伤了。
- 受伤后害怕的感受对我很重要。
- 即使所有人都让我失望，我也会支持自己。
- 我会照顾好自己，我不会放弃自己。
- 即使我失败了，我也会选择原谅自己。
- 承认别人对我的评判，但不认同它。
- 我可以重新开始。

纳粹大屠杀幸存者、心理学家、《活出生命的意义》作者维克特·弗兰克说："任何东西都可以从身上夺走，唯有人类最后的自由不行，在任何环境中选择自己的人生态度，选择自己行为方式的自由。"

头脑中曾有如下这4个"不可能"，一直牢牢地盘踞在我的脑海中：

不可能1：我不可能创业，太有风险。

不可能2：我做不了短视频直播，太难了。

不可能3：我不可能实现财富自由，这是天方夜谭的事。

不可能4：我不可能婚姻顺利，现在离婚率那么高。

想一想导致你一直责备自己的某件事是什么，全神贯注地像医生检查伤口一样，慢慢查看伤口里有什么东西在妨碍愈合。

想一想

如果想从你过往曾经受过的伤中找到力量，你想到了哪些时刻？

看到这些伤口后，你有哪些新的决定？

我愿意让受伤的地方成为我一生的力量，当下一次受伤时，我不再想逃避它，我想静静地坐在这里，看看它的模样，静静地等它给我力量。

受伤不是力量的终结，而是力量的开启。

醒来就是重生

想一想

以下哪些女性处境最让你揪心？（ ）

A. 与丈夫一样筋疲力尽地下班，却要承担全部家务

B. 年纪大了怕丈夫嫌弃，忍痛冒着风险整容

C. 事业取得了成就，反而被丈夫冷嘲热讽

D. 生了孩子，育儿都是妈妈的事，爸爸做一点事就被讴歌成好爸爸

E. 离了婚，连自己的父母都觉得抬不起头，尽管是男方出轨导致的

F. 女性被侵犯后，周围的人议论她平时穿着暴露、性感妖媚

G. 女性遭到家暴后，长辈亲戚觉得是她做错了事，惹怒了丈夫

H. 女性工作优异，由于已婚未孕，竞聘时输给了不如她的男性

I. 丈夫出轨了，亲友都劝她忍耐、包容，毕竟孩子还小

如果得不到身边家人的支持，面对巨大的舆论压力，你会怎么做?

小时候我听到最多的一句话是“女生要合群”。从穿着到行为，我一直都是人群中安全的背景色。小时候上幼儿园，老师问我们，谁愿意先出去玩再学习，我看着班里大多数孩子都举手了，我也跟着举手。那时候的我还没有反应过来，什么是自己的想法，看到别人齐刷刷举起的手，我下意识随了大流。于是就有了我人生中第一次被叫家长。我第一次知道，原来人在群体中会忍不住想要合群，在我的心里，和别人一样才是最安全的。直到遭遇那场改变我一生的交通事故后，我才知道在生死面前，我想活成自己的样子，不再为了合群而选择跟别人一样，我从“背景色”里向前一步走出来，成了同龄人最早结婚、最早生娃的异类。

塔拉·韦斯特弗出生于1986年的美国，和我们不同的是，她出生在美国摩门教家庭，虔诚的父亲定下不近人情的家规:“不读书、不看病、女性对男性绝对服从。”她的童年在废料场里度过，周围只有起重机的轰鸣声，哪怕她的手被钉子扎伤，父亲也禁止她去医院，父亲对她唯一的期望就是像妈妈一样成为助产士。她想出去上学，但她的二哥模仿父亲的样子打骂她，让她受伤流血，只为了向她证明外面人心险恶，想打消她出去读书的想法。连最亲爱的妈妈也苦口婆心地劝塔拉，不要到外面危险的世界自讨苦吃。

在这样的家庭环境中，如果是你，你会想到若干年后自己成了剑桥

大学博士、闻名全球的畅销书作家吗？

塔拉把自己一步步走出家庭、求学的经历写进了《你当像鸟飞往你的山》一书，感动了全球几百万读者。她说：“我的一生都活在别人的讲述中。他们的声音铿锵有力，专制而绝对。之前我从未意识到，我的声音也可以与他们的一样有力。”“将自己从精神奴役中解放出来，只有我们自己才能解放我们的思想。”

在中国也有一位和塔拉一样自己解放自己的女孩，她出生于1768年。当时历法算术被皇家所垄断，民间不允许做科学研究。作为大家闺秀的她，当同龄女孩早已嫁为人妇时，她却偷偷在家里做科学研究。她对月食着迷，一心想用科学实验证明月食的成因，她看到了大厅的灯和镜子，在深闺中开启了中国的第一次月食实验。她一边移动灯和镜子，一边不断判断太阳、月亮和地球的位置，成功模拟了月食的形成过程。她兴奋地写下《月食解》，从宏观和微观结合的角度理解了“天圆地方”的概念，并清晰地解释了日食和月食的形成原理。

因为女子彼时进不了学堂，没有老师教她，她全靠自学，每夜坚持观察天象，记录行星轨迹，在《经星辨》中详细记录了金、木、水、火、土五大行星的旋转方向。她在《地圆说》中解释“天圆地方”，成了全世界唯一一个结合宏观和微观来解释此现象的科学家，她写出了《筹算易知》和《勾股三角解》这两本用通俗语言给老百姓讲数学的教材。

她就是被世界最权威的科学学术期刊《自然》评为“为科学发展奠定基础的女性科学家”王贞仪。《十朝新语外编》里这样评价她：“学骑射，通星象，精历算，工诗文，擅绘画，通医理，破礼教。”王贞仪被西方人称为“中国古代的居里夫人”，国际天文学联合会将一颗代号43259

的小行星以她的名字命名。

她们都从那个时代的蒙昧中醒来，活成了独一无二、不迎合别人的自己。

女儿听完王贞仪的故事，指着天上的星星问我，哪一颗是她呢？我知道我无法一辈子保护女儿，让她免受外界的舆论压力，但我好想在她的心里安放一颗星星，能在她迷失时帮她找回自己。

如果你去参加一位亲人的葬礼，来到葬礼现场，看到每个人都很悲伤。在庄严肃穆的音乐中，你走到了道路的尽头。当你抬头看到遗像时大吃一惊，上面挂的居然是你的照片，原来你参加的是自己的葬礼。如果由你来讲述自己的一生，你希望如何形容？你希望这是为了取悦别人的一生，还是活出自己的一生？

____

____

____

____

____

写完后，对于以下问题，你有哪些新的答案？

A. 与丈夫一样筋疲力尽地下班，却要承担全部家务。

你可以对家务进行分工，让丈夫做分内之事，而不是请他帮忙做家务。

B. 年纪大了怕丈夫嫌弃，忍痛冒着风险整容。

你可以允许自己在应该的年龄取悦自己，而不是取悦其他人，也不是为了留住谁，而是为了自己。

C. 事业取得了成就，反而被丈夫冷嘲热讽。

你可以与伴侣沟通或寻找一位尊重女性的伴侣，让他支持、认可你的事业。

D. 生了孩子，育儿都是妈妈的事，爸爸做一点事就被讴歌成好爸爸。

你可以和孩子的爸爸分工合作，不是爸爸帮妈妈，而是手拉手一起做好父母。

E. 离了婚，连自己的父母都觉得抬不起头，尽管是男方出轨导致的。

坚定地告诉父母，一定有更好的男人在等着你，抬不起头的应该是背叛婚姻那一方，他没有好好珍惜你，这是他的损失。

F. 女性被侵犯后，周围的人议论她平时穿着暴露、性感妖媚。

牛郎织女的故事里，牛郎是偷看洗澡、拿走衣服的犯罪者，不是爱情故事的男主角，罪犯就是罪犯，再美化也是罪犯。

G. 女性遭到家暴后，长辈亲戚觉得是她做错了事，惹怒了丈夫。

并不都是女人的错，婚姻是需要两个人一起从错误中成长的旅程。

H. 女性工作优异，由于已婚未孕，竞聘时输给了不如她的男性。

这份工作对待男女有别，一定会有更好的工作机会能平等对待男女，你只需要找到它。

I. 丈夫出轨了，亲友都劝她忍耐、包容，毕竟孩子还小。

孩子是生活在一个争吵不断、貌合神离的家庭中好，还是生活在一个虽然离异但是宁静的家中更好？是为了孩子活，还是为了自己活？

化“怨”为“愿”

婚后受尽丈夫冷落，长年和她分居的丈夫另寻新欢；在婆婆的威逼利诱下，要求必须作为生育机器，为家族延续香火；好不容易诞下子嗣，孩子一出生就被抱走了；刚生产完无人照顾，需要自己走回家。不仅如此，婆婆把孩子抱走后还不允许她探视。

想一想

长年见不到自己孩子的她，经常受到丈夫的打骂。如果你是她，你会如何选择接下来的人生？（ ）

A. 一蹶不振成为历史怨女

B. 读书振作成为一代大帝

A 和 B 的选项决定了人与人的差别。

这就是俄国历史上与彼得大帝齐名，被尊称为叶卡捷琳娜二世的前半段人生。

她在日记里这样写道：

第一，继续当昏庸沙皇彼得的王后，共同灭亡。

第二，逆来顺受，等着被沙皇彼得抓起和被废，送到修道院。

第三，采取主动，主宰自己的命运，成为一世明君。

母语为德语的叶卡捷琳娜二世远嫁到俄国，面临的第一关就是语言关，听不懂别人说话，不懂俄国礼数的她在皇宫里处处碰壁，连仆人都嘲笑、欺负她，所有人对她的期待是一个国王身边的花瓶、一个帝国的生育机器，但只有她不这样想。她这一生的使命，不是为了做一个花瓶、做一台生育机器来到这个世界。

在寒冷的圣彼得堡的冬天，她开着窗，光着脚，不让自己困倦，苦学俄语。在极寒天气熬夜苦读，让她患上了严重的肺炎，连续高烧 10 多天，在身体最虚弱的时刻，她还在努力。万幸的是，她凭借自己的意志力活了下来。

即便生了一场大病，也没有换来丈夫的心和婆婆的优待。在被人非议的孤独日子里，她给自己设定了严格的读书目标，坚持每 8 天必须读完一本书。她看的书涉猎很广，从德语到俄语，包含文学、哲学、历史、政治书籍。谁也想不到，正是这段孤独的日子，塑造了一个伟大的大帝。在这段被人冷落、嘲笑的日子里，伏尔泰、孟德斯鸠的书给她带来了启蒙之光，为她日后治国理政奠定了重要基础。她的阅读史就是她在绝望中的精神成长史。

在男性垄断的权力世界里，女性称帝者屈指可数，更别提开创一代丰功伟绩，“如果我能活到 200 岁，整个欧洲都将匍匐在我脚下”，这是她广为流传的一句话。她是这么说的，更是这么做的。在位 34 年间，她打垮了长期威胁基督教世界的奥斯曼土耳其帝国。在她的统治下，俄国进一步强势崛起，与英法列强平起平坐，建立了横跨欧、亚、美洲的庞大帝国，开创了俄国历史上的黄金时代。

不仅如此，她还鼓励发展教育，起草了儿童教育大纲。1764 年，她在斯莫尔尼宫开办女子学校，教育更多的女孩读书学习，“我时常需要迁就当前的现实，但我并未放弃追求更为值得称赞的未来”，叶卡捷琳娜二世从来没有放弃过。

西蒙斯·涅克在 TED 演讲时，提出“黄金圈”思维。人的思维分为 3 个层次：是什么、怎么做和为什么。世界上所有伟大的领袖，他们思考行动的方式惊人一致，永远都从最核心的“为什么”开始，而非“是什么”开始。如果从“是什么”开始思考，想到的都是抱怨：“我是生育机器吗？”“我是低人一等的仆人吗？”“你们怎么可以这样对待情深义重嫁过来的我？”“上天怎么这么不公，让我受这么多冤屈。”

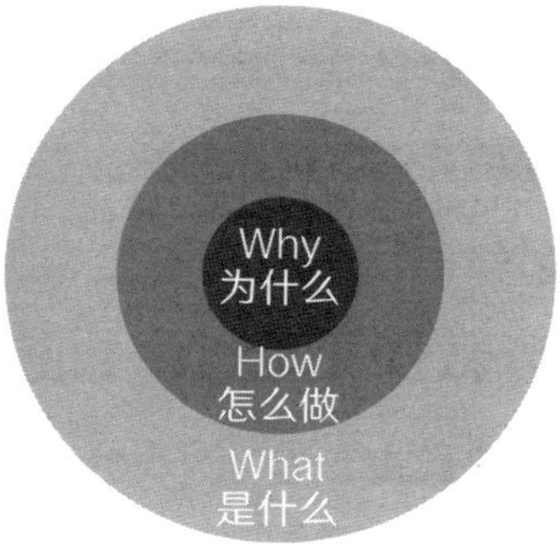

叶卡捷琳娜二世没有困在这份抱怨里，她从“为什么”开始想。

- 每天早上我为什么而起床？
- 为什么要从德国远嫁到俄国？

- **我为什么要活着？**
- **读书是为什么？**

她这一生不是为别人而活，是为自己而活，靠“为什么”熬过了婚后饱受非议的孤独的日子，靠“为什么”潜心学俄语、读圣贤书，更是靠着“为什么”号召更多人支持她打江山。她没有陷入“是什么”的困境中，她的心一直和“为什么”在一起，不断追问，找到“因的因”，找到初心和愿力。

我来世界走一趟，车祸没有夺走我的生命，我能够继续活在这个世界上，我希望死后能在世界上留下点什么。

我工作是为了能找到更多志同道合的老师，一起为中国的家庭教育事业做点什么。我结婚不是让另一半为我牺牲和放弃，而是我能找到一生的伴侣共同学习，见证彼此的成长。我当妈妈是为了我的孩子们成长为他们自己，而我可以在一旁见证。

化“怨”“冤”为“愿”，不忘初心，方得始终。

请思考一下：最近发生了什么让你心有怨气？因为这份怨气，你是否觉得有人冤枉了你？如果你发一个上等愿，能化解这份怨气和委屈，会是什么？

请写下最近发生了什么让孩子心有怨气，请写下孩子的委屈。

____

____

如果让孩子许一个愿望，是什么？和孩子一起列出实现愿望的计划！

在合上这本书之前，请允许自己给孩子和爱人写一封信，在入睡前，温柔地读给他们听，感谢孩子和爱人帮助我们成为更好的自己，感谢孩子和爱人让你我在茫茫人海相遇，祝福亲爱的你、爱人和孩子们。

____

____

亲爱的女儿：

谢谢你来做我的女儿，你在妈妈身边的10年，是妈妈人生中最幸福的10年，你给了妈妈全世界最大的鼓励，你说妈妈是温柔的好妈妈，在你的眼里，总是那么的善良。如果没有你，我不会有如此面对自己的坦诚；如果没有你，我不懂什么是慈悲后的原谅；如果没有你，我会偷懒躲过那些看起来繁杂的责任。你的善良，你投奔于我的勇气，让妈妈倍有动力。我一直在想，上天给我这样一个好孩子，我是多么幸运，我得跟上你成长的步伐，永远在背后支持你成为你想成为的人，支持你实现你想实现的梦想。不管你走到哪里，妈妈都会在这里看着你、爱着你，生生世世，我都要记得你。

亲爱的儿子：

谢谢你来做我的孩子，你在妈妈身边这么多年，别人都说妈妈为你付出了很多，可妈妈从你身上学到了更多，是你让我在还没有到死亡终点站就明白了人为什么活着。妈妈以前很害怕分离、死亡，害怕被分别心评判，害怕爱会消逝，但有了你之后，我才知道当下的这一刻是多么珍贵，不需要回头看，更不需要往前看，只需要和你在此时此刻，我就知足了。谢谢你来到我的生命里，我会尽我所能，支持你达成你这辈子的使命。

我很幸运，能在时光未老的此时此刻感受着太阳从海平面照常升起带来的安全感，打开窗户还有窗外的一抹绿带来的希望。感谢孩子带我来到了世外桃源，在大海的怀抱里，没有什么比活着更值得庆幸，没有什么比被爱更值得感激。